Um primeiro curso direto de álgebra linear

Emerson de Castro Junior

Junho, 2024

$\aleph_0$

Conteúdo

Prefácio

Este livro é dedicado ao segundo curso que ministro com material específico, surgindo da idéia de atender uma gama maior de pessoas e de maneira mais direta. Muitas vezes o estudante precisa de um material referente a disciplina que estuda mas os livros referentes ao que ele precisa buscar todos estão diluidos em centenas e centenas de páginas. A proposta neste material é esta: Ir direto às especificações usuais do curso, sem perder aprofundamento algum. É claro que de maneira alguma o uso de um material mais direto dispensa demais autores para consulta. É, a propósito, fortemente recomendado que o aluno cheque outras referências sempre que necessário, afinal é inegável que o custo de ter um livro menor é ter também menos exercícios e diversidade de aplicações.

Citações úteis de livros sobre essa disciplina que o aluno pode consultar para se situar são: *Álgebra linear e aplicações, Calioli*; *Álgebra linear, Boldrini*; *Álgebra linear, Lipschutz.*

A ementa desse curso permeia o curso usual universitário de álgebra linear, em uma primeira visita. Iniciamos em geometria analítica, matrizes, falando de vetores e espaços vetoriais, transformações lineares, bases e diagonalização. O objetivo deste curso é levar o aluno aos resultados principais de um primeiro curso de álgebra, como o teorema que assegura a "quase equivalência"entre espaços de mesma dimensão, a conexão entre matriz e transformação linear, a conexão entre nucleo e injetividade, diagonalização e cônicas, decomposição espectral e ortonormalidade.

Ao final do livro será deixado um resumo dos tópicos e resultados mais importantes, bem como exercícios com gabarito e um mapa geral de prosseguimento de estudos.

Agradecimentos

Deixo aqui meus agradecimentos à minha mãe e a meu pai, principalmente, que tiveram fé em meus propósitos mesmo quando eu não tive. Agradecimentos também a Victor Luiz Martins de Souza, que se foi jovem, mas não antes de me mostrar o caminho da matemática pura.

1 Conjuntos e geometria analítica

1.1 Conjuntos e n-uplas

Como sempre, precisamos definir bem os objetos iniciais de nosso estudo. Não vamos mergulhar muito na questão de conjuntos e estruturas abstratas pois isto é feito em outras disciplinas. Vamos definir somente o necessário para ser direto ao ponto, assertivo e sucinto.

Pressupomos que o aluno já conhece um pouco sobre conjuntos, união e intersecção.

Definição 1.1. Definimos uma **dupla ordenada** (a, b) como sendo o conjunto $\{\{a\}, \{a, b\}\}$. Além disso, dado dois conjuntos A, B, definimos o **produto cartesiano** $A \times B$ por:

$$A \times B = \{(a, b) \mid a \in A, \quad b \in B\}$$

ou seja, o conjunto de todas as duplas ordenadas.

É importante saber que tudo na matemática precisa ser bem definido, tudo é algo e precisa estar bem definido. O caso é que nem sempre conseguimos definir tudo numa única disciplina, por exemplo, não conseguimos em disciplinas iniciais definir e construir a teoria de conjuntos e números, precisamos supor já sua existência.

A razão de definirmos as duplas ordenadas como acima tem como objetivo a proposição a seguir:

Proposição 1.2. Sejam (a, b) e (x, y) duplas ordenadas. Então $(a, b) = (x, y) \iff (a = x \quad e \quad b = y)$

Demonstração. ($\Leftarrow$) A volta segue fácil, veja que se $a = x$ e $b = y$, então $(a, b) = \{\{a\}, \{a, b\}\} = \{\{x\}, \{x, y\}\} = (x, y)$.

($\Rightarrow$) A ida requer analisar que se $(a, b) = (x, y)$, então $\{\{a\}, \{a, b\}\} = \{\{x\}, \{x, y\}\}$. Usamos o fato que dois conjuntos são iguais se possuem os mesmos elementos, então:
Caso (1): $\{a\} = \{x\}$, então $a = x$, daí ou $\{a, b\} = \{x, y\}$, o que implica que $b = y$, ou $\{a, b\} = \{x\}$, neste caso $a = x = b = y$ para que a igualdade se preserve.
caso (2): $\{a, b\} = \{x\}$, então $a = b = x$ e aqui também concluímos que $a = b = x = y$ para que a quantidade de elementos de cada conjunto seja preservada. □

Com a proposição acima conseguimos explicitar que uma dupla ordenada respeita a informação de cada componente e de sua posição. De maneira genérica, definimos também:

Definição 1.3. Se A é um conjunto, então definimos:

$$A^n = \underbrace{A \times A \times ... \times A}_{n \ \ vezes} = \{(a_1, a_2, ..., a_n) \mid a_i \in A, \quad 1 \leq i \leq n\}$$

E chamamos cada $a \in A^n$ de uma **n-upla ordenada em A**, porque cada componente (coordenada) está em A.

Além disso duas n-uplas são iguais somente se ocorre igualdade componente a componente (análogo ao caso da dupla ordenada).

Assim, temos objetos como $(1, 2)$, onde suas componentes são números naturais. Podemos ter objetos como $(1, \pi, 9)$ com três coordenadas. É possível até mesmo infinitas coordenadas, onde o objeto se assemelha mais a uma sequência, porém não falaremos disto num curso inicial de algebra linear.

1.2 Conjuntos numéricos importantes

Precisamos falar de alguns conjuntos que usaremos muito aqui. As seguintes notações são dadas:

$$\mathbb{N} = \{1, 2, 3, 4, ...\}, \quad \text{Naturais}$$

$$\mathbb{Z} = \{..., -3, -2, -1, 0, 1, 2, 3, ...\}, \quad \text{Inteiros}$$

$$\mathbb{Q} = \left\{\frac{a}{b} \mid a \in \mathbb{Z}, \quad b \in \mathbb{N}\right\}, \quad \text{Racionais}$$

$$\mathbb{R} = \quad \text{Reais}$$

Note que todos os conjuntos, exceto os reais, possuem descrição algébrica listada. Isso ocorre porque a descrição algébrica dos números reais é bem mais avançada e necessita de recursos de análise real para ser feita, algo que não buscamos aqui.

Notação: Se A é conjunto numérico, então denotamos $A^* = A \backslash \{0\}$, isto é, o mesmo conjunto removendo somente o zero.

Vamos definir algo importante em nosso estudo:

Definição 1.4. Seja A um conjunto onde uma operação $*$ está definida. Dizemos que A é fechado pela operação $*$, ou que a operação $*$ é fechada em A se $\forall a, b \in A$ ocorre que $a * b \in A$.

A definição acima nos diz quando uma operação funciona bem em um determinado conjunto, sem "pular para fora dele".

Exemplo 1.5. Em $\mathbb{N}$ a operação de soma é fechada. Mas a operação de subtração não é. Somando dois naturais mantemos um natural, mas subtraindo um de outro, podemos ter um resultado negativo, falhando em ser fechado, portanto.

Exemplo 1.6. Em $\mathbb{Z}$ a soma e a subtração são operações fechadas! A multiplicação também! Mas não a divisão, pois um inteiro dividido por outro pode ser um número racional "quebrado". A divisão é, porém, fechada em $\mathbb{Q}^*$, sendo preciso ignorar o zero para a divisão fazer sentido.

Axioma 1.7. As quatro operações básicas, soma, subtração, adição e divisão são fechadas em $\mathbb{Q}^*$ e em $\mathbb{R}^*$. As três primeiras são fechadas mesmo mantendo o zero.

O que está acima é trazido como axioma pois não desejamos trazer arsenal complexo de outras disciplinas. Em outro momento esta afirmação deve ser provada e é cerne do estudo da teoria de conjuntos e também de anéis e corpos, objetos abstratos na matemática.

Definição 1.8. Seja $i \notin \mathbb{R}$ de modo que $i^2 = -1$. Chamamos de **conjunto dos números complexos** o conjunto a seguir:

$$\mathbb{C} = \{a + bi \mid a, b \in \mathbb{R}\}$$

Com a operação de soma:

$$(a + bi) + (c + di) = (a + c) + (b + d)i$$

E de multiplicação:

$$(a + bi)(c + di) = (ac - bd) + (ad + bc)i$$

Note que essas operações obedecem a quase todas as regras dos números reais, da distributiva, associativa, comutativa, sendo necessário cuidado somente quando trabalharmos com raizes e potências não inteiras.

Note que podemos subtrair facilmente neste conjunto, bastando usar que $-(a + bi) = (-a - bi)$ graças à distributiva. Podemos também dividir por qualquer número não nulo, usando o produto notável $(a+b)(a-b) = a^2 - b^2$:

$$\frac{1}{a+bi} = \frac{1}{a+bi} \cdot \frac{a-bi}{a-bi} = \frac{a-bi}{a^2-b^2i^2} = \frac{a-bi}{a^2+b^2} = \frac{a}{a^2+b^2} + \frac{b}{a^2+b^2}i$$

Assim sendo, $\mathbb{C}^*$ é também fechado em todas as quatro operações básicas.

1.3 Corpos

Tendo falado de alguns conjuntos numéricos, precisamos falar de uma estrutura que tem todo um estudo e disciplina focada em si, mas que precisamos de um básico para falar de vetores e espaços em geral.

Definição 1.9. Seja K um conjunto, uma operação de soma e uma operação de multiplicação em K, dizemos que a tripla ordenada $(K, +, \cdot)$ é um corpo se, para quaisquer $x, y, z \in K$ valer:

(i) Ambas as operações $+$ e $\cdot$ são fechadas em K

(ii) Existe um elemento neutro aditivo em K, denotado 0, de modo que $x + 0 = 0 + x = x$

(iii) Existe um elemento neutro multiplicativo em K, denotado 1, de modo que $1 \cdot x = x \cdot 1 = x$ e distinto do 0 (Não pode ocorrer 0=1)

(iv) As duas operações são comutativas: $x + y = y + x$ e $xy = yx$

(v) As duas operações possuem inverso: existe $(-x) \in K$ de modo que $x + (-x) = 0$, inverso aditivo. E, para $x \neq 0$, existe $x^{-1} \in K$ de modo que $x \cdot x^{-1} = 1$ inverso multiplicativo.

(vi) Vale a distributiva: $x(y + z) = xy + xz$

(vii) Vale a associativa em ambas as operações: $(x + y) + z = x + (y + z)$ e $(xy)z = x(yz)$

As propriedades listadas acima são o que caracterizam predominante uma estrutura numérica que se comporta muito análogo aos números usuais que temos. Quando um conjunto possui todas essas propriedades, podemos somar, subtrair, multiplicar e dividir bem, não importa o quão estranho sejam as operações de soma e multiplicação.

Exemplo 1.10. Os racionais formam um corpo, pois para cada fração $\frac{a}{b}$ existem os inversos $\frac{-a}{b}$ e $\frac{b}{a}$ contanto que sejam não nulos, além de a soma e multiplicação ter todas as propriedades listadas.

Exemplo 1.11. Os inteiros não formam um corpo com as operações usuais que conhecemos. Note que somar e subtrair inteiros dá certo, mas nem todo inteiro tem inverso multiplicativo. Por exemplo o número 2 exigiria o inverso multiplicativo $\frac{1}{2}$, que não é inteiro.

Exemplo 1.12. Os reais e os complexos formam um corpo com as operações usuais. Normalmente demonstramos isto, mas para evitar excessos acadêmicos, deixamos aqui como exemplos a serem tratados simplesmente como axiomas.

1.4 Geometria analítica

Agora podemos falar de algumas das ferramentas que são fundamentais no estudo tanto da geometria analítica quanto de transformações lineares.

Definição 1.13. O conjunto $\mathbb{R}^2 = \{(x, y) \mid x, y \in \mathbb{R}\}$ é chamado de **plano cartesiano** e o conjunto $\mathbb{R}^3$ chamado de **espaço euclideano canônico**.

Os dois conjuntos definidos acima são de crucual importância pois descrevem, respectivamente, um plano e um espaço "físico".

Cada dupla ordenada de $\mathbb{R}^2$ descreve um ponto do plano, sendo a convenção a primeira coordenada representar deslocamento horizontal e a segunda coordenada, deslocamento vertical. Analogamente, em $\mathbb{R}^3$, a terceira coordenada descreve "profundidade". Veja uma ilustração a seguir.

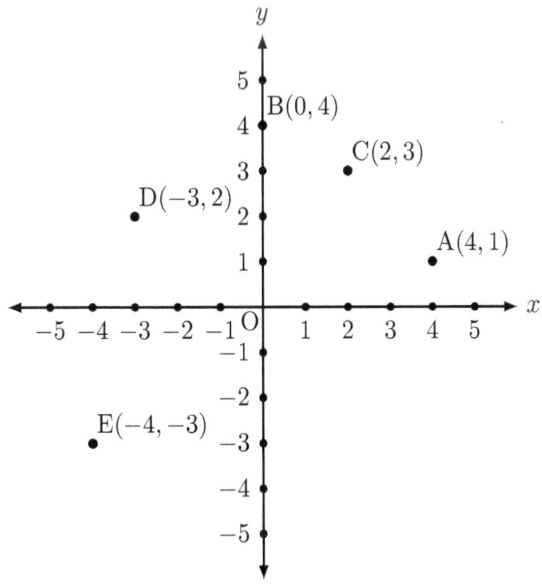

Junto do que vimos, podemos definir algumas coisas interessantes e importantes de se conhecer:

Definição 1.14. Sejam $A = (x_a, y_a)$ e $B = (x_b, y_b)$ dois elementos de $\mathbb{R}^2$. Definimos:

(i) o ponto médio entre A e B o ponto $M_{AB} = \left(\frac{x_a+x_b}{2}, \frac{y_a+y_b}{2}\right)$

(ii) a distância entre os pontos A e B por $d(A, B) = \sqrt{(x_a - x_b)^2 + (y_a - y_b)^2}$

(iii) a reta que passa por A e por B como $(x_b - x_a)y = (y_b - y_a)x + (x_b y_a - y_b x_a)$, onde x ou y deve ser tratado como variável

(iv) a reta que passa por A e por B pode ser reduzida a $y = ax + b$ quando $x_a \neq x_b$, onde a é chamado de **coeficiente angular** e b é chamado de **coeficiente linear**

Note que, como decorrência da definição, o ponto médio, a distância e a reta definidos por dois pontos é sempre única e sempre existem, só depende das coordenadas dos pontos (elementos de $\mathbb{R}^2$).

Exemplo 1.15. Dados os pontos $A = (1, 2)$ e $B = (2, 4)$, temos que o ponto médio $M_{AB} = \left(\frac{3}{2}, 3\right)$ e que $d(A, B) = \sqrt{1 + 4} = \sqrt{5}$. Além disso a reta que passa por A e por B é dada pela equação $1y = 2x + 0$.

1.5 Cônicas

Algumas figuras geométricas também requerem sua descrição aqui para que, depois, saibamos como trabalhar e integrar os conhecimentos de geometria analítica com o de matrizes.

Todos os objetos aqui descritos são oriundos de seções planas de algum cone, como ilustraremos em cada caso.

Definição 1.16. Chamamos de circulo de raio $R > 0$ e centro (x_0, y_0) o conjunto de pontos em $\mathbb{R}^2$ descritos por:

$$C_{R,(x_0,y_0)} = \{(x, y) \mid (x - x_0)^2 + (y - y_0)^2 = R^2\}$$

Que pode ser simplificado, quando o centro é na origem, $(x_0, y_0) = (0, 0)$:

$$C_R = \{(x, y) \mid x^2 + y^2 = R^2\}$$

A definição algébrica do círculo vem totalmente do teorema de pitágoras, permitindo que digamos que o círculo é o conjunto de pontos equidistantes a um centro fixado. Alguns autores fazem uma distinção maior entre círculo e circunferência, onde circunferência é somente o "contorno"e círculo inclui o interior.

Definição 1.17. Chamamos de elipse de parâmetros a e b, com $a > b > 0$ e centro (x_0, y_0) os conjuntos em $\mathbb{R}^2$ a seguir:

$$E_{x,(x_0,y_0)} = \left\{(x, y) \mid \frac{(x - x_0)^2}{a^2} + \frac{(y - y_0)^2}{b^2} = 1\right\}$$

$$E_{y,(x_0,y_0)} = \left\{(x, y) \mid \frac{(x - x_0)^2}{b^2} + \frac{(y - y_0)^2}{a^2} = 1\right\}$$

Onde $E_{x,(x_0,y_0)}$ é chamada de elipse de eixo maior x, enquanto $E_{y,(x_0,y_0)}$ é chamada de elipse de eixo maior y.

Alguns pontos interessantes sobre a elipse é que o parâmetro a é a medida da distância entre o centro e o vértice mais distante, enquanto o parâmetro b é a distância entre o centro e o vértice mais próximo. Podemos, com isso, calcular a medida da distância entre o centro e os focos por $a^2 = b^2 + c^2$.

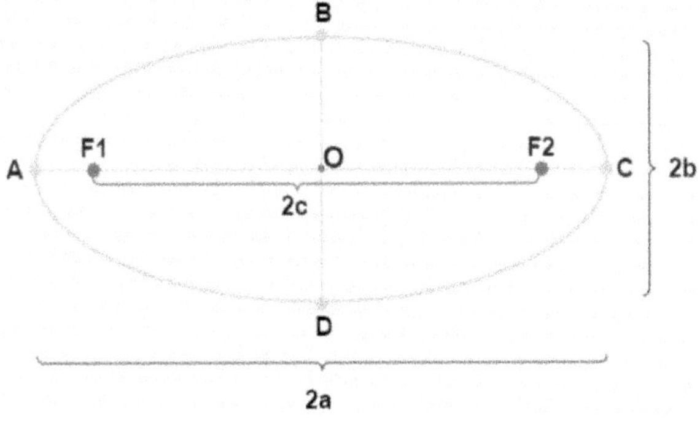

A hipérbole tem uma descrição parecida com a da elipse, mas há uma alternância de sinais entre x e y.

Definição 1.18. Chamamos de hipérbole de parâmetros a e b positivos, com e centro (x_0, y_0) os conjuntos em $\mathbb{R}^2$ a seguir:

$$H_{x,(x_0,y_0)} = \left\{(x, y) \mid \frac{(x - x_0)^2}{a^2} - \frac{(y - y_0)^2}{b^2} = 1\right\}$$

$$H_{y,(x_0,y_0)} = \left\{(x,y) \mid -\frac{(x-x_0)^2}{b^2} + \frac{(y-y_0)^2}{a^2} = 1\right\}$$

Onde $H_{x,(x_0,y_0)}$ é chamada de hipérbole de eixo x (e imaginário y), enquanto $H_{y,(x_0,y_0)}$ é chamada de hipérbole de eixo y (e imaginário x).

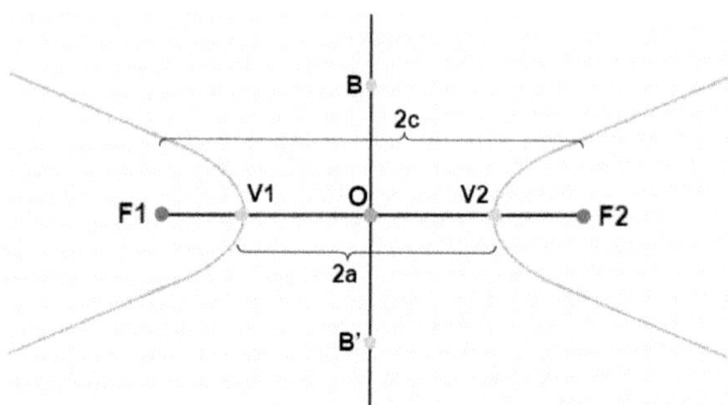

E análogo a elipse, a mede a distância do centro até o vértice do objeto, enquanto b mede a distância até um vértice imaginário. O parâmetro c, na hipérbole, é maior que o parâmetro a e mede a distância até o foco, podendo ser calculado por $c^2 = b^2 + a^2$.

Por último temos mais uma cônica que precisamos conhecer:

Definição 1.19. Chamamos de parábola de parâmetro p, com e vértice (x_0, y_0) os conjuntos em $\mathbb{R}^2$ a seguir:

$$P_{y,(x_0,y_0)} = \left\{(x,y) \mid 4p(y-y_0) = (x-x_0)^2\right\}$$

$$P_{x,(x_0,y_0)} = \left\{(x,y) \mid 4p(x-x_0) = (y-y_0)^2\right\}$$

Onde $P_{y,(x_0,y_0)}$ é chamada de parábola de eixo y, enquanto $P_{x,(x_0,y_0)}$ é chamada de parábola de eixo x.

O parâmetro p mede a distância entre o vértice e o foco, sendo que se $p > 0$, a parábola está para a direita (ou para cima), e se $p < 0$ a parábola está para a esquerda (ou para baixo). Na parábola, ainda, há a propriedade da **reta diretriz**, que é uma reta que está p de distância do vértice, com a propriedade de qualquer ponto da parábola está equidistante do foco e da diretriz.

Em cada uma das cônicas o foco guarda propriedades relativas à definição da cônica, mas não vamos falar muito sobre pois desejamos saber somente o básico das cônicas para que, depois, saibamos interpretá-las de forma matricial.

Definição 1.20. Definimos como excentricidade e de uma cõnica como o valor $e = \frac{c}{a}$ para elipses e hipérboles. Em parábolas, assumimos $a = b$ e em círculos assumimos $a = 0$. Como consequência, temos:

(i) Cìrculos tem $e = 0$

(ii) Elipses (que não são círculos) tem $e < 1$ e $e > 0$

(iii) Hipérboles tem $e > 1$

(iv) Parábolas tem $e = 1$

Definir a excentricidade como acima ajuda a descobrir a cônica que uma dada expressão representa.

1.6 Exercícios sugeridos

Exercício 1.21. Descreva o produto cartesiano dado por $A \times B$ quando $A = \{1, 2, 3\}$ e $B = \{2, 4, 6\}$ e conte quantos elementos tal produto possui.

Exercício 1.22. Semelhante ao anterior, tomando $A = \{1, 2, 3\}$, calcule quantos elementos possui os produtos cartesianos A^2, A^3 e, generalizando, quantos elementos A^n terá.

Exercício 1.23. Descreva o ponto de interseção entre a reta que passa pelos pontos $(1, 2)$ e $(8, 3)$ e o eixo y.

Exercício 1.24. Uma elipse que tem focos nos pontos $(0, 8)$ e $(0, 2)$ e semi eixo menor medindo 4 terá qual equação?

Exercício 1.25. A hipérbole de equação $9x^2 - y^2 + 4y = 40$ tem como centro e focos quais pontos?

Exercício 1.26. Determine a reta que passa pelo ponto médio entre $(2, 9)$ e $(8, 11)$ e também no foco da parábola $12x = (y - 2)^2$.

Exercício 1.27. Determine a figura geométrica constituída dos pontos equidistantes do ponto $(1, 1)$ que toque algum dos eixos coordenados.

Exercício 1.28. A reta $y = 2x + 2$ passa por um mesmo círculo quando $x = 2$ e quando $x = -2$, passando também pelo seu centro. Determine a equação de tal círculo.

Exercício 1.29. Descubra que tipo de conica a equação representa usando a excentricidade:
(a) $x^2 - 3y^2 = 27$ (b) $(x - 2)^2 + 6y = 10$ (c) $x^2 - 6x + y^2 + 8y = 50$

2 Matrizes

Quando falamos de álgebra linear estamos tratando de matrizes, vetores e geometria analítica, em síntese. Por isso, nada mais justo que definirmos e trazermos as propriedades de matrizes antes de chegarmos ao cerne da disciplina que serão espaços vetoriais.

Vamos lembrar que normalmente toda estrutura tem operações padronizadas, a convenção, esta chamamos de **canônicas**. Dizemos isto porque, ao longo dessa disciplina, veremos que existem somas e multiplicações bem diferentes da que estamos acostumados, não-canônicas.

Definição 2.1. Sejam $I = \{1, 2, 3, ..., n\}$ e $J = \{1, 2, 3, ..., m\}$ e K um corpo. Chamamos de matriz (de ordem) $n \times m$ a função $a : I \times J \to K$ definida por uma regra $a(i, j) = a_{ij} \in K$. Quando $n = m$ dizemos que a matriz é quadrada de ordem n.

A definição formal de matriz não nos ajuda muito a enxergar o que estamos falando. Cada matriz deve ser enxergada como uma tabela em formato de retangulo, onde n é o número de linhas e m é o número de colunas.

Sendo assim, uma matriz 2×3 possui duas linhas e três colunas. Quando o número de linhas e de colunas é o mesmo, a tabela fica em formato de quadrado.

Exemplo 2.2. Descreva a matriz $B_{2\times 2}$ definida pela regra $b_{ij} = i + j$.

$$B = \begin{bmatrix} b_{11} & b_{12} \\ b_{21} & b_{22} \end{bmatrix} = \begin{bmatrix} 1+1 & 1+2 \\ 2+1 & 2+2 \end{bmatrix} = \begin{bmatrix} 2 & 3 \\ 3 & 4 \end{bmatrix}$$

Perceba que o índice i descreve a posição "linha" enquanto o segundo índice descreve a coluna, o j.

Exemplo 2.3. Descreva a matriz $C_{3\times 2}$ definida pela regra $c_{ij} = (i - j + 1)$.

$$B = \begin{bmatrix} c_{11} & c_{12} \\ c_{21} & c_{22} \\ c_{31} & c_{32} \end{bmatrix} = \begin{bmatrix} 1-1+1 & 1-2+1 \\ 2-1+1 & 2-2+1 \\ 3-1+1 & 3-2+1 \end{bmatrix} = \begin{bmatrix} 1 & 0 \\ 2 & 1 \\ 3 & 2 \end{bmatrix}$$

Definição 2.4. Duas matrizes de mesma ordem $n \times m$ dadas por $A = (a_{ij})$ e $B = (b_{ij})$ são iguais se $a_{ij} = b_{ij}$ para todos os i, j, ou seja, tem os mesmos componentes nas mesmas posições.

2.1 Operações de matrizes

Vamos definir algumas operações canônicas falando de matrizes:

Definição 2.5. Sejam duas matrizes de mesma ordem $n \times m$ dadas por $A = (a_{ij})$ e $B = (b_{ij})$. Definimos a soma (padrão, canônica) das matrizes A e B como a matriz $C_{n\times m}$ dada por:

$$C = A + B = (a_{ij} + b_{ij})$$

Veja o exemplo a seguir:

Exemplo 2.6.

$$\begin{bmatrix} a & b \\ c & d \end{bmatrix} + \begin{bmatrix} x & y \\ z & w \end{bmatrix} = \begin{bmatrix} a+x & b+y \\ c+z & d+w \end{bmatrix}$$

É literalmente somar "termo a termo"de maneira ordenada. Já a multiplicação de matrizes não é nada direta:

Definição 2.7. Sejam duas matrizes $A_{m\times n} = (a_{ij})$ e $B_{n\times p} = (b_{ij})$. A multiplicação das matrizes A e B como a matriz $C_{m\times p}$ dada por:

$$C = A \cdot B = \left(\sum_{k=1}^{n} a_{ik} b_{kj} \right)$$

onde $i = 1, 2, 3, ..., n$ e $j = 1, 2, 3, ..., p$

Veja a representação da multiplicação de uma matriz 2×3 por uma 3×2:

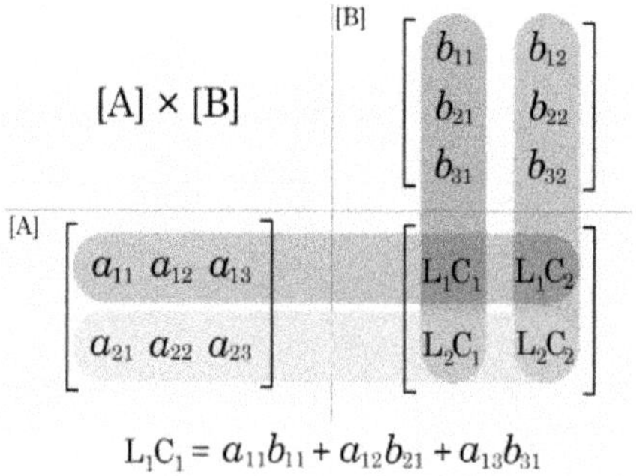

[A] × [B]

[B] $\begin{bmatrix} b_{11} & b_{12} \\ b_{21} & b_{22} \\ b_{31} & b_{32} \end{bmatrix}$

[A] $\begin{bmatrix} a_{11} & a_{12} & a_{13} \\ a_{21} & a_{22} & a_{23} \end{bmatrix}$ $\begin{bmatrix} L_1C_1 & L_1C_2 \\ L_2C_1 & L_2C_2 \end{bmatrix}$

$L_1C_1 = a_{11}b_{11} + a_{12}b_{21} + a_{13}b_{31}$

Exemplo 2.8.

$$\begin{bmatrix} 1 & 2 \\ 0 & -1 \end{bmatrix} \cdot \begin{bmatrix} 0,4 & 0,5 \\ 1 & 5 \end{bmatrix} = \begin{bmatrix} 1 \cdot 0,4 + 2 \cdot 1 & 1 \cdot 0,5 + 2 \cdot 5 \\ 0 \cdot 0,4 + (-1) \cdot 1 & 0 \cdot 0,5 + (-1) \cdot 5 \end{bmatrix} = \begin{bmatrix} 2,4 & 10,5 \\ -1 & -5 \end{bmatrix}$$

Aproveite e pratique as multiplicações, vendo se seu resultado está correto:

$$\begin{bmatrix}1 & 2\\0 & 3\end{bmatrix}^2 = \begin{bmatrix}1 & 8\\0 & 9\end{bmatrix} \qquad \begin{bmatrix}1 & 2 & 0\\0 & 3 & 1\end{bmatrix}\begin{bmatrix}0 & 1\\1 & 0\\2 & 2\end{bmatrix} = \begin{bmatrix}2 & 1\\5 & 2\end{bmatrix}$$

$$\begin{bmatrix}1 & 0 & 2\\0 & -1 & 1\\1 & -1 & 1\end{bmatrix}^2 = \begin{bmatrix}3 & -2 & 4\\1 & 0 & 0\\2 & 0 & 2\end{bmatrix}$$

Aproveitando que definimos a soma como o fizemos, note que uma posição no plano (a, b) pode ser vista como uma matriz $[a \;\; b]$ de tamanho 1×2, sendo possível somar "pontos" no plano:

$$(a, b) + (c, d) = [a \;\; b] + [c \;\; d] = (a + c, b + d)$$

E o mesmo com 3 coordenadas:

$$(a, b, c) + (d, e, f) = [a \;\; b \;\; c] + [d \;\; e \;\; f] = (a + d, b + e, c + f)$$

Essa é inclusive a soma canônica com esses objetos. Note que não podemos multiplicar da mesma forma, termo a termo, pois conflitaria diretamente com a multiplicação de matrizes. Sendo assim, não há uma multiplicação canônica para estes objetos de somente uma linha, ou somente uma coluna. Haverão produtos em espaços vetoriais que falaremos em seu devido momento.

Proposição 2.9. O espaço de todas as matrizes quadradas $n \times n$ com componentes em mesmo corpo ($\mathbb{Q}$, $\mathbb{R}$, $\mathbb{C}$) denotado por $M_{n\times n}$ é fechado pelas operações canônicas de soma e multiplicação (quando a multiplicação estiver definida).

A proposição acima dispensa demonstração, dado que a soma ja esta bem definida termo a termo e o resultado foi definido como uma matriz. A multiplicação faz também cada componente ser um número que está no mesmo corpo.

Definição 2.10. Definimos a **matriz nula** $0_{n\times m}$ como a matriz que todas suas entradas são zero.

Dizemos que uma matriz quadrada é **identidade** e denotamos $I_{n\times n}$ ou simplesmente I_n a matriz $I_{n\times n} = a_{ij}$ definida por:

$$a_{ij} = \begin{cases} 1 & \text{se } i = j \\ 0 & \text{se } i \neq j \end{cases}$$

Ou seja, a identidade é a matriz quadrada de alguma ordem onde todas as entradas são zero, exceto a diagonal chamada principal, iniciando do extremo superior esquerdo ao extremo inferior direito, cujas entradas são 1.

Definimos estas duas matrizes pois elas tem algumas propriedades que os números 0 e 1 possuem, como veremos a seguir.

Proposição 2.11. A matriz nula é tal que $0_{n\times m} + M_{n\times m} = M_{n\times m}$, ou seja, é um elemento neutro na adição. Além disso, a matriz identidade I_n é neutra na multiplicação: $I_n \cdot M_n = M_n \cdot I_n = M_n$.

Essas propriedades são análogas com as operações dos reais: $0 + x = x$ e $1 \cdot x = x$. Sendo somente importante enfatizar propriedades que as matrizes não possuem.

A soma de matrizes é comutativa e associativa, em síntese, a ordem não importa. Mas na multiplicação, não é comutativa! Isto é, um produto do tipo $A \cdot B \cdot C$ pode ser feito a partir de qualquer uma das duas multiplicações primeiro, mas não podemos inverter a ordem. Por via de regra, não é verdade que $AB = BA$. Para checar isso, basta pegar duas matrizes quaisquer distintas que não tenha componente zero, quase sempre ocorrerá a desigualdade.

Exemplo 2.12.

$$\begin{bmatrix} 1 & 1 \\ 0 & 0 \end{bmatrix} \cdot \begin{bmatrix} 0 & 1 \\ 0 & 1 \end{bmatrix} = \begin{bmatrix} 0 & 2 \\ 0 & 0 \end{bmatrix}, \text{mas} \begin{bmatrix} 0 & 1 \\ 0 & 1 \end{bmatrix} \cdot \begin{bmatrix} 1 & 1 \\ 0 & 0 \end{bmatrix} = \begin{bmatrix} 0 & 0 \\ 0 & 0 \end{bmatrix}$$

Definição 2.13. Se $x \in K$ (real ou complexo) e $A = (a_{ij})$, então definimos $x \cdot A = (x \cdot a_{ij})$, ou seja, multiplicar uma matriz por um número significa multiplicar todos os componentes da matriz pelo número.

Assim sendo, definimos a matriz oposta de A por $-1 \cdot A = -A$, sendo esta então o oposto aditivo: $A + (-A) = 0_M$.

Definimos também a matriz inversa de A_n quadrada, quando existir, como a matriz A^{-1} de modo que $A \cdot A^{-1} = A^{-1} \cdot A = I_n$. Dizemos que A é **inversível** se tiver inversa.

As definições acima buscam fazer uma analogia aos números reais (ou de um corpo) onde as operações são inversíveis. Isto é, $x + (-x) = 0$ e $x \cdot x^{-1} = \frac{x}{x} = 1$ se $x \neq 0$. Note também que na definição dissemos "quando existir", pois a matriz oposta surge naturalmente como o resultado de inverter o sinal de todas as componentes, porém a inversa não é tão simples assim.

Exemplo 2.14.

$$\begin{bmatrix} 2 & 3 \\ -1 & x \end{bmatrix} + \begin{bmatrix} -2 & -3 \\ 1 & -x \end{bmatrix} = \begin{bmatrix} 0 & 0 \\ 0 & 0 \end{bmatrix}$$

Portanto, se $A = \begin{bmatrix} 2 & 3 \\ -1 & x \end{bmatrix}$, então $-A = \begin{bmatrix} -2 & -3 \\ 1 & -x \end{bmatrix}$

Exemplo 2.15.

$$\begin{bmatrix} 1 & 1 \\ 0 & 1 \end{bmatrix} \cdot \begin{bmatrix} 1 & -1 \\ 0 & 1 \end{bmatrix} = \begin{bmatrix} 1 & 0 \\ 0 & 1 \end{bmatrix}$$

Portanto, se $A = \begin{bmatrix} 1 & 1 \\ 0 & 1 \end{bmatrix}$, então $A^{-1} = \begin{bmatrix} 1 & -1 \\ 0 & 1 \end{bmatrix}$

Definição 2.16. Seja $A_{n\times m}$ uma matriz qualquer. Definimos a **transposta** de A com notação A^t como a matriz que surge quando trocamos as linhas pelas colunas:

$$A = (a_{ij})_{1\leq i\leq n,\ 1\leq j\leq m}, \text{ então } A^t = (a_{ji})_{1\leq i\leq n,\ 1\leq j\leq m}$$

Quando $A = A^t$, dizemos que é uma matriz **simétrica**, e se $A = -A^t$, dizemos que é **antissimétrica**.

Exemplo 2.17. Se $A = \begin{bmatrix} 1 & 1 \\ 0 & 1 \\ 2 & 1 \end{bmatrix}$, então $A^t = \begin{bmatrix} 1 & 0 & 2 \\ 1 & 1 & 1 \end{bmatrix}$

Proposição 2.18. Acerca da transposta, algumas propriedades seguem, para quaisquer matrizes A, B e $\lambda \in K$:

(i) $(A + B)^t = A^t + B^t$

(ii) $(AB)^t = B^t A^t$

(iii) $(\lambda A)^t = \lambda A^t$

(iv) Se A é quadrada e inversível, $(A^{-1})^t = (A^t)^{-1}$

Grande parte das demonstrações acerca de matrizes não será feita neste livro (como normalmente nunca o é em livros iniciais) devido à notação pesada de somatórios, produtos e, às vezes, o uso da **notação de Einstein**, que usa índices deixando somatórios implícitos.

Uma curiosidade extra é que, enquanto neste curso falaremos muito de **vetores**, essa notação formal usada em matrizes facilita o aprender futuro de **tensores**, um objeto que generaliza vetores.

2.2 Determinante e propriedades

Precisamos definir também uma ferramenta de extrema utilidade para identificar matrizes e algumas de suas propriedades.

Definição 2.19. Seja $\mathcal{M}_{q\leq 3}(K)$ o conjunto de todas as matrizes quadradas sobre um corpo $K = \mathbb{R}$ (ou $K = \mathbb{C}$) de ordens 1,2 ou 3. Assim, definimos uma função chamada **determinante** sendo $det : \mathcal{M}_{q\leq 3} \to K$ a função que associa cada matriz a um número do corpo, de modo que respeite algumas propriedades. Para qualquer $A_n \in \mathcal{M}_{q\leq 3}(K)$

(i) Se $n = 1$, então $det(A) = a_{11}$, o determinante é a própria componente.

(ii) Se $n = 2$, então $det(A) = a_{11}a_{22} - a_{12}a_{21}$ que pode ser visto como representado a seguir:

$$A = \begin{pmatrix} a & b \\ c & d \end{pmatrix}$$

$$\det(A) = ad - bc$$

(iii) Se $n = 3$, então $det(A) = a_{11}det(A_{11}) - a_{12}det(A_{12}) + a_{13}det(A_{13})$, que pode ser visto pela **regra de Sarrus** visualizada a seguir:

$$\begin{vmatrix} a & b & c \\ d & e & f \\ g & h & i \end{vmatrix} \begin{matrix} a & b \\ d & e \\ g & h \end{matrix}$$

$$- \quad - \quad - \quad + \quad + \quad +$$

$$= aei + bfg + cdh - ceg - afh - bdi$$

Exemplo 2.20. $det \begin{bmatrix} 1 & 2 \\ 0 & 1 \end{bmatrix} = 1 \cdot 1 - 2 \cdot 0 = 1$

Exemplo 2.21. $det \begin{bmatrix} 1 & 0 & 1 \\ -1 & 1 & 1 \\ 1 & -1 & 0 \end{bmatrix} = 0 + 0 + 1 - (1 + 0 - 1) = 1 + 0 = 1$

Para definir determinantes maiores, vamos precisar definir algumas coisas mais antes:

Definição 2.22. Se A_n é matriz quadrada dada por $A = (a_{ij})_{1\leq i,j\leq n}$, definimos um **menor** de A com notação $M(A)_{pk}$ pelo determinante da matriz quadrada que resulta, de ordem $(n-1)$, ao remover a linha p e a coluna k, isto é:

$$M(A)_{pk} = det(A_{pk}), \text{ com } A_{pk} = (a_{ij})_{1\leq i,j\leq n,\ i\neq p,\ j\neq k}$$

E definimos, usando as menores, a matriz de **cofatores** de A por:

$$Cof(A)_{ij} = (-1)^{i+j}M(A)_{ij}, \text{para cada linha } i \text{ e cada coluna j}$$

Note que $Cof(A)$ descreve uma matriz também, onde cada $Cof(A)_{ij}$ é um número, como veremos no exemplo a seguir.

Exemplo 2.23. Se $A = \begin{bmatrix} 1 & 2 & 3 \\ 4 & 5 & 6 \\ 7 & 8 & 9 \end{bmatrix}$, então algumas menores são dadas por $A_{11} = \begin{bmatrix} 5 & 6 \\ 8 & 9 \end{bmatrix}$, $A_{22} = \begin{bmatrix} 1 & 3 \\ 7 & 9 \end{bmatrix}$ e $Cof(A)_{11} = (-1)^{1+1}det(A_{11}) = -3$

Toda matriz quadrada de ordem n terá exatamente n matrizes menores e cada uma terá sempre uma ordem a menos, $n-1$.

Definição 2.24. Definimos a matriz **adjunta** de uma matriz A_n como a transposta da matriz formada por cada cofator:

$$Adj(A) = (Cof(A))^t$$

Definição 2.25. Seja $\mathcal{M}_q(K)$ o conjunto de todas as matrizes quadradas sobre um corpo $K = \mathbb{R}$ (ou $K = \mathbb{C}$). Assim, definimos uma função chamada **determinante** sendo $det : \mathcal{M}_q \to K$ a função que associa cada matriz a um número do corpo, de modo que respeite algumas propriedades. Para qualquer $A_n \in \mathcal{M}_q(K)$

(iv) Se $n > 3$, usamos a **extensão de Laplace** para calcular seu determinante, reduzindo a matrizes menores:

$$det(A) = \sum_{i=1}^{n} (-1)^{i+k} a_{ik} det(A_{ik}) = \sum_{j=1}^{n} (-1)^{p+j} a_{pj} det(A_{pj})$$

Ou reduzindo a cofatores:

$$det(A) = \sum_{i=1}^{n} a_{ik} det(Cof(A)_{ik}) = \sum_{j=1}^{n} a_{pj} det(Cof(A)_{pj})$$

onde p é alguma linha fixada escolhida, k é alguma coluna fixada escolhida.

É importante notar que $det(I_n) = 1$ e $det(0_n) = 0$, independente da ordem de tais matrizes. Uma observação sobre a referida extensão de Laplace é que ela vale para ordens 2 e 3 também, mas as referidas formas anteriores de calcular o determinante são mais eficientes.

A extensão de Laplace, na verdade, é demonstrada a partir de uma outra definição, mais formal, de determinantes, mas esta envolve produtos e somas de permutações, algo um pouco mais abstrato e que requer que o aluno já conheça teoria de grupos (e permutações como objetos do grupo), por isso aqui definimos de maneira mais sucinta e equivalente.

Visualmente, escolhe-se uma linha ou coluna e vai-se calculando o determinante de cada cofator, somando e oscilando o sinal.

Exemplo 2.26. $det \begin{bmatrix} 1 & 2 & 0 & 0 \\ 0 & 1 & 0 & 1 \\ 1 & 3 & 1 & 0 \\ 0 & 2 & 1 & 1 \end{bmatrix} =$

$$= 1det \begin{bmatrix} 1 & 0 & 1 \\ 3 & 1 & 0 \\ 2 & 1 & 1 \end{bmatrix} - 2det \begin{bmatrix} 0 & 0 & 1 \\ 1 & 1 & 0 \\ 0 & 1 & 1 \end{bmatrix} + 0det \begin{bmatrix} 0 & 1 & 1 \\ 1 & 3 & 0 \\ 0 & 2 & 1 \end{bmatrix} - 0det \begin{bmatrix} 0 & 1 & 0 \\ 1 & 3 & 1 \\ 0 & 2 & 1 \end{bmatrix} =$$

$$= 1(1+0+3-2-0-0) - 2(0+0+1-0-0-0) = 2-2 = 0$$

Veja que no exemplo acima, escolhemos a primeira linha, onde há zeros, nem mesmos será necessário calcular as menores e os cofatores envolvidos, por isso é conveniente escolher uma linha ou coluna que tenha muitos zeros, sempre levando em conta a oscilação de sinais dos cofatores, como mostra o exemplo a seguir:

$$\begin{bmatrix} + & - & + & - & + & ... \\ - & + & - & + & - & ... \\ + & - & + & - & + & ... \\ - & + & - & + & - & ... \\ + & - & + & - & + & ... \\ ... & ... & ... & ... & ... & ... \end{bmatrix}$$

Observação 2.27. As seguintes propriedades acerca de determinantes são válidas, dadas matrizes A, B quadradas de ordem n e um elemento do $\lambda \in K$:

(i) $det(AB) = det(A)det(B)$

(ii) $det(\lambda A) = \lambda^n det(A)$

(iii) Se A possui quaisquer duas linhas iguais ou duas colunas iguais, então $det(A) = 0$. Ainda, se alguma linha ou alguma coluna for toda zero, também $det(A) = 0$

(iv) $det(A) = det(A^t)$

(v) Ao multiplicar uma única linha de A por um número λ, o determinante é também multiplicado por λ. O mesmo vale se multiplicar uma única coluna

(vi) Se A possuir inversa, então $A^{-1} = \frac{Adj(A)}{det(A)}$

Como consequência das propriedades acima, que em um curso avançado seriam provadas, podemos fazer algumas provas mais sucintas:

Proposição 2.28. Se A_n é invertível, então $det(A^{-1}) = (det(A))^{-1}$. Ainda mais, se $k \in \mathbb{N}$, então $det(A^k) = (det(A))^k$.

Demonstração. Primeira propriedade: Usando a propriedade dos produtos, temos que $det(AB) = det(A)det(B)$. Assim, como vale para quaisquer matrizes quadradas de mesma ordem, escolha $B = A^{-1}$ e assim temos $det(AA^{-1}) = det(I_n) = det(A)det(A^{-1})$, usando que $det(I) = 1$, temos que $det(A)det(A^{-1}) = 1$, o que conclui $det(A^{-1}) = \frac{1}{det(A)}$.

Segunda propriedade: Usando a propriedade do produto, temos:

$$det(A^2) = det(AA) = det(A)det(A) = det(A)^2$$

$$det(A^3) = det(A^2A) = det(A^2)det(A) = det(A)^2det(A) = det(A)^3$$

E assim, para cada $k \in \mathbb{N}$ maior que 1:

$$det(A^{k+1}) = det(A^kA) = det(A^k)det(A) = det(A)^kdet(A) = det(A)^{k+1}$$

E sutilmente usamos aqui um **princípio de indução finita**, que nem formalizaremos neste curso. □

Ao definirmos $A^{-k} = (A^{-1})^k$ quando A é quadrada inversível, temos $det(A^{-k}) = det(A)^{-k}$ para $k \in \mathbb{N}$. É conveniente definirmos $A^0 = I_n$ sempre que $det(A) \neq 0$, temos assim uma versão análoga aos números reais, onde $x^0 = 1$ sempre que $x \neq 0$.

A condição acima serve para garantir que as propriedades listadas até então continuem válidas. Veja que se permitirmos que uma matriz A_n de determinante zero obedeça que $A^0 = I$, teríamos $det(A^0) = det(I) = 1$, mas queremos que $det(A^0) = det(A)^0 = 0^0$, que normalmente deixamos sem definir por diversos problemas (de cálculo e algébricos).

Resumindo, potências negativas de matrizes? Somente quando A é quadrada e inversível. Potência zero? Somente se o determinante da matriz for não nulo.

Definição 2.29. Se uma matriz A_n é tal que $det(A) = 0$, dizemos que A é uma matriz **singular**. Se $det(A) \neq 0$, dizemos que A é **não singular**.

Com a definição acima, temos algumas propriedades interessantes:

Proposição 2.30. Se A_n uma matriz quadrada qualquer. Valem:

(i) A matriz A é singular se e somente se A^k é singular para todas as potências $k \in \mathbb{N}$

(ii) A matriz A é inversivel se e somente se é não singular

Demonstração. (i) Note que $det(A) = 0$ se e somente se $det(A)^k = 0$, e esta última é o mesmo que $det(A^k) = 0$. Logo A é singular se e somente se qualquer potência natural sua é.

(ii)

($\Rightarrow$) Se A é invertível, então $det(A)det(A^{-1}) = 1$, então $det(A) \neq 0$.

($\Leftarrow$) Se $det(A) \neq 0$, então existe $det(A)^{-1} \in K$. Pelo método da matriz adjunta (na observação (vi) acima), concluímos que A^{-1} existe e pode ser calculada por $\frac{Adj(A)}{det(A)}$ e aqui ocorre a importância de A ser não singular. □

Assim, temos uma maneira direta de checar quando uma matriz não tem inversa! Mas resta, assim, um problema. Como calcular a inversa de uma matriz? Sabemos que a inversa terá o mesmo tamanho que a original, podemos supor incógnitas em cada entrada e fazer de maneira "braçal" a multiplicação e resolver o sistema que irá resultar, mas há um método mais rápido para isso, que veremos a seguir.

2.3 Escalonamento (Método de Gauss)

Definição 2.31. Seja $A_{n\times m}$ uma matriz sobre um corpo K. Chamamos de **escalonamento** o processo que consiste de somar linhas de A a outras linhas de A, multiplicar, trocar linhas de ordem, e continuar somando no sentido de tornar todos os números abaixo da diagonal zeros.

Após o escalonamento, chamamos de **escalonamento total** se zerarmos as entradas acima da diagonal também, com as mesmas operações de somar linhas e multiplicá-las por números, além de trocá-las de ordem. Em casos em que a matriz não é quadrada, tratamos como "diagonal principal"as mesmas entradas, partindo da componente esquerda superior até a componente direita inferior, isto é, de coordenadas $i = j$.

Exemplo 2.32. Se $A = \begin{bmatrix} 1 & 1 & 1 \\ 1 & 0 & 1 \\ 1 & 1 & 0 \end{bmatrix}$, podemos fazer $L_3 \leftarrow (L_3 - L_1)$ e obtemos $\begin{bmatrix} 1 & 1 & 1 \\ 1 & 0 & 1 \\ 0 & 0 & -1 \end{bmatrix}$, a seguir fazemos $L_2 \leftarrow (L_2 - L_1)$ e obtemos $\begin{bmatrix} 1 & 1 & 1 \\ 0 & -1 & 0 \\ 0 & 0 & -1 \end{bmatrix}$. Note que aqui já temos a versão escalonada da matriz, quando tudo abaixo da diagonal principal é zero, temos uma "escadinha"de zeros, descendo, da esquerda à direita. Vamos prosseguir para um escalonamento completo: $L_1 \leftarrow (L_1 + L_3)$ e então $\begin{bmatrix} 1 & 1 & 0 \\ 0 & -1 & 0 \\ 0 & 0 & -1 \end{bmatrix}$ e por fim, $L_1 \leftarrow (L_1 + L_2)$ e concluimos $\begin{bmatrix} 1 & 0 & 0 \\ 0 & -1 & 0 \\ 0 & 0 & -1 \end{bmatrix}$, tendo feito o escalonamento completo.

Definição 2.33. Seja $A_{n\times m}$ uma matriz qualquer. Definimos **posto** da matriz A como a quantidade de linhas não nulas após o escalonamento. Definimos como **nulidade** da matriz A a quantidade $nul(A) = m - posto(A)$. Vale sempre então que $posto(A) + nul(A) = m$, o número de colunas. Isto é visto mais pra frente como **Teorema da contagem** em literatura estrangeira, ou aqui no Brasil como **Teorema do núcleo e da imagem**.

Quando A_n é quadrada, vale, portanto, a igualdade $posto(A) + nul(A) = n$.

Observação 2.34. Uma matriz A_n só será inversivel se tiver posto máximo, isto é, $nul(A) = 0$, e isso ocorre se e só se $det(A) \neq 0$. Veremos que isso ocorre no método a seguir de calcular inversas.

Definição 2.35. (Método da inversa por operações elementares - Gauss Jordan)

Seja A_n uma matriz não singular e I_n a identidade. Escrevendo as duas matrizes lado a lado $[A \mid I]$ como uma matriz $n \times 2n$, e escalonando de forma total a matriz esquerda, fazendo as operações em ambas as matrizes ao mesmo tempo, a matriz resultante terá formato $[I \mid B]$ e a matriz B será a inversa de A.

A definição acima é, na verdade, uma proposição que em algum lugar do universo é demonstrada. Acredite, é bem tedioso ou uma sopinha de índices, por isso não o faremos aqui. Inves disso faremos um exemplo.

Exemplo 2.36. Seja $A = \begin{bmatrix} 1 & 1 & 1 \\ 1 & 0 & 1 \\ 1 & 1 & 0 \end{bmatrix}$. Vimos em exemplo anterior que essa matriz escalonada tem três linhas não nulas, portanto $posto(A) = 3$ e $nul(A) = 0$, logo existe inversa. Iniciamos o processo de inversão, escrevendo $[A \mid I]$:

$$\left[\begin{array}{ccc|ccc} 1 & 1 & 1 & 1 & 0 & 0 \\ 1 & 0 & 1 & 0 & 1 & 0 \\ 1 & 1 & 0 & 0 & 0 & 1 \end{array}\right] \begin{array}{l} L_1 \\ L_2 \leftarrow (L_2 - L_1) \\ L_3 \leftarrow (L_3 - L_1) \end{array}$$

$$\left[\begin{array}{ccc|ccc} 1 & 1 & 1 & 1 & 0 & 0 \\ 0 & -1 & 0 & -1 & 1 & 0 \\ 0 & 0 & -1 & -1 & 0 & 1 \end{array}\right] \begin{array}{l} L_1 \leftarrow (L_1 + L_3 + L_2) \\ \cdot(-1) \\ \cdot(-1) \end{array}$$

$$\left[\begin{array}{ccc|ccc} 1 & 0 & 0 & -1 & 1 & 1 \\ 0 & 1 & 0 & 1 & -1 & 0 \\ 0 & 0 & 1 & 1 & 0 & -1 \end{array}\right], \text{ portanto } A^{-1} = \begin{bmatrix} -1 & 1 & 1 \\ 1 & -1 & 0 \\ 1 & 0 & -1 \end{bmatrix}$$

Perceba que foi importante que a nulidade da matriz fosse zero, senão a ultima linha seria anulada e a matriz esquerda jamais se tornaria a identidade!

2.4 Sistemas lineares

Nesta subseção veremos algumas implicações interessantes de termos visto matrizes e suas propriedades.

Definição 2.37. Definimos uma **função linear** ou **expressão linear** de n variáveis sobre um corpo K a função que pode ser escrita como somas do tipo:

$$f(x) = \sum_{k=1}^{n} a_k x_k, \quad \text{onde cada } a_k \in K, \quad x = (x_1, x_2, ..., x_n) \in K^n$$

Podemos também escrever como:

$$f(x_1, x_2, ..., x_n) = a_1 x_1 + a_2 x_2 + ... + a_n x_n$$

O exemplo mais clássico de função linear seria $f(x) = 5x$, com uma variável. Com duas variáveis, poderiamos ter $f(x, y) = 2x + 3y$. Com 4 variáveis, poderíamos ter $f(x_1, x_2, x_3, x_4) = 2x_1 + 3x_2 + \pi x_3 + 9x_4$. Note que todos estes são sobre o corpo $\mathbb{R}$. Se formos sobre os complexos, poderiam surgir números complexos, como o i.

Observação 2.38. Toda função linear pode ser escrita como a multiplicação de uma matriz $1 \times n$ (linha) por uma que é $n \times 1$ (coluna). Veja por exemplo:

$$2x + 3y + 4z = \begin{bmatrix} 2 & 3 & 4 \end{bmatrix} \cdot \begin{bmatrix} x \\ y \\ z \end{bmatrix}$$

Assim sendo, note que um sistema de quações lineares será algo constitnuído de várias linhas, portanto, uma matriz!

Definição 2.39. Definimos um **sistema de equações lineares** sobre um corpo K uma equação de tipo $Ax^t = b^t$, onde $A_{n \times m}$, $x \in K^m$ e $b \in K^n$. A transposta em x é somente para garantir que a multiplicação de matriz será respeitada, x sendo escrito no formato "coluna".

Os tipos de sistemas lineares sempre serão um e apenas um dos seguintes três tipos:

(i) Sistema possível e determinado: Quando existe uma única solução $x \in K^n$

(ii) Sistema possível indeterminado: Quando existem infinitas soluções $x \in K^n$

(iii) Sistema impossível: Quando a solução é vazia, nenhum $x \in K^n$ é solução

Exemplo 2.40. O sistema $\begin{cases} 3x & +2y & = 5 \\ x & +3y & = 4 \end{cases}$ pode ser escrito matricialmente por $\begin{bmatrix} 3 & 2 \\ 1 & 3 \end{bmatrix} \begin{bmatrix} x \\ y \end{bmatrix} = \begin{bmatrix} 5 \\ 4 \end{bmatrix}$, podendo ser interpretado como uma única matriz como $\left[\begin{array}{cc|c} 3 & 2 & 5 \\ 1 & 3 & 4 \end{array}\right]$

Definição 2.41. (Método de eliminação Gaussiana)

Se A_n uma matriz quadrada e inversível sobre um corpo K, $x = (x_1, x_2, ..., x_n)$ e $b = (b_1, b_2, ..., b_n)$. Então o sistema linear $Ax^t = b$ pode ter sua solução encontrada escalonando o sistema $[A|b^t]$

Exemplo 2.42. Resolva o sistema a seguir: $\begin{cases} x & +2y & -z & = 2 \\ x & +y & +2z & = 9 \\ 2x & -2y & +z & = 1 \end{cases}$

Reescrevemos como uma única matriz estendida:

$$\left[\begin{array}{ccc|c} 1 & 2 & -1 & 2 \\ 1 & 1 & 2 & 9 \\ 2 & -2 & 1 & 1 \end{array}\right] \begin{array}{c} L_1 \\ L_2 \leftarrow (L_2 - L_1) \\ L_3 \leftarrow (L_3 - 2L_1) \end{array} \left[\begin{array}{ccc|c} 1 & 2 & -1 & 2 \\ 0 & -1 & 3 & 7 \\ 0 & -6 & 3 & -3 \end{array}\right] \begin{array}{c} L_1 \\ L_2 \\ L_3 \leftarrow (L_3 - 6L_2) \end{array}$$

$\left[\begin{array}{ccc|c} 1 & 2 & -1 & 2 \\ 0 & -1 & 3 & 7 \\ 0 & 0 & -15 & -45 \end{array}\right]$, e a última linha nos diz $-15z = -45$, portanto $z = 3$. Substituindo na segunda linha $-y + 3z = 7$, obtemos $-y + 9 = 7$ e logo $y = 2$. Retornando à primeira linha $x + 2y - z = 2$, e logo $x + 1 + 2$, portanto $x = 1$. Assim, a solução é a tripla ordenada $(1, 2, 3)$.

Com o que vimos até aqui, fica fácil deduzir o que se segue:

Proposição 2.43. Seja A_n uma matriz quadrada sobre um corpo K, $x = (x_1, x_2, ..., x_n)$ e $b = (b_1, b_2, ..., b_n)$. Então o sistema linear $Ax^t = b^t$ possui solução única se e somente se A é inversível (ou seja, $det(A) \neq 0$). Neste caso, a solução é $x^t = A^{-1}b^t$

Demonstração. $(\Leftarrow)$
Se A é inversível, note que $Ax^t = b^t$ implica que $A^{-1}Ax^t = A^{-1}b^t$ e portanto $Ix^t = A^{-1}x^t$ e como a identidade é elemento neutro na multiplicação, temos $x^t = A^{-1}x^t$, solução única.

$(\Rightarrow)$
Se o sistema $[A \mid b^t]$ tem solução única, então escalonando, nenhuma linha

ficará nula, caso contrário seria impossível escalonar até chegarmos em algo do tipo $[I \mid x^t]$ com $x \in K^n$ sendo a solução. Como após o escalonamento o posto foi máximo e sua nulidade zero, então $det(A) \neq 0$ e portanto A é inversível. □

A proposição acima nos dá uma ferramenta a mais para resolver sistemas lineares através da inversão de matrizes.

Proposição 2.44. (Regra de Cramer)

Seja A_n é matriz inversível, $x, b \in K^n$. Então a solução $x = (x_1, x_2, ..., x_n)$ do sistema $Ax^t = b^t$ além de única, pode ser calculada por:

$$x_i = \frac{det(A \downarrow_{b,i})}{det(A)}, \quad i = 1, 2, 3, ..., n-1, n$$

onde $A \downarrow_{b,i}$ descreve a matriz A quanto tem a i-ésima coluna trocada por b^t.

Exemplo 2.45. Resolva o sistema: $\begin{cases} 3x & +2y & = 5 \\ x & +3y & = 4 \end{cases}$. Assim $A = \begin{bmatrix} 3 & 2 \\ 1 & 3 \end{bmatrix}$, assim como $A \downarrow_{b,1} = \begin{bmatrix} 5 & 2 \\ 4 & 3 \end{bmatrix}$ e também $A \downarrow_{b,2} = \begin{bmatrix} 3 & 5 \\ 1 & 4 \end{bmatrix}$. Portanto $det(A) = 7$, $det(A \downarrow_{b,1}) = 7$ e $det(A \downarrow_{b,2}) = 7$. Portanto: $x_1 = x = \frac{det(A\downarrow_{b,1})}{det(A)} = \frac{7}{7} = 1$, assim como também $x_2 = y = \frac{det(A\downarrow_{b,2})}{det(A)} = \frac{7}{7} = 1$. A solução é, portanto $(x, y) = (1, 1)$.

Vamos trazer mais uma técnica ainda para calcular o determinante de uma matriz:

Proposição 2.46. Seja A_n uma matriz quadrada. Então, escrevendo a matriz $A = lin_i(A)$ em termos de suas linhas e $A = col_j(A)$, valem as propriedades:

(i) Se $A' := lin_i(A) \leftarrow (lin_i(A) + \lambda lin_j(A))$ com $i \neq j$ e $\lambda \in \mathbb{R}$, então $det(A') = det(A)$. Isto é, se adicionarmos a uma linha algum múltiplo de outra linha, o determinante não se altera! (Atenção, linhas diferentes!)

(ii) Se $A' := lin_i(A) \leftarrow (\lambda lin_i(A))$, então $det(A') = \lambda det(A)$. Ou seja, se multiplicarmos uma linha por um escalar, o determinante acaba sendo multiplicado pelo mesmo número.

(iii) Se $A' := lin_i(A) \rightleftharpoons lin_j(A)$ com $i \neq j$, então $det(A) = -det(A')$. Aqui, significa que trocar duas linhas distintas de lugar inverte o sinal do determinante.

(iv) Se A' é uma matriz quadrada e, ou todas as entradas são zeros abaixo da diagonal principal (triangular superior) ou todas as entradas acima da diagonal principal são zeros (triangular inferior), então o determinante de A' corresponde ao produto dos elementos na diagonal principal.

O item (iv) culmina o propósito de tais propriedades. Note que, com operações elementares, conseguimos zerar todos os elementos abaixo da diagonal principal via escalonamento.

Observação 2.47. CUIDADO: Não some linhas repetidas. Uma forma de impedir isso é sempre permitir que somente as linhas debaixo recebam linhas de cima, como num escalonamento simples, não o completo.

Exemplo 2.48. Calcular o determinante de $\begin{bmatrix} 1 & 2 & 0 & 3 \\ 0 & -1 & 1 & 1 \\ 1 & 1 & 2 & 1 \\ 1 & 2 & 3 & 0 \end{bmatrix}$.

$$det \begin{bmatrix} 1 & 2 & 0 & 3 \\ 0 & -1 & 1 & 1 \\ 1 & 1 & 2 & 1 \\ 1 & 2 & 3 & 0 \end{bmatrix} \begin{matrix} L_1 \\ L_2 \\ L_3 \leftarrow (L_3 - L_1) \\ L_4 \leftarrow (L_4 - L_1) \end{matrix} = det \begin{bmatrix} 1 & 2 & 0 & 3 \\ 0 & -1 & 1 & 1 \\ 0 & -1 & 2 & -2 \\ 0 & 0 & 3 & -3 \end{bmatrix} \begin{matrix} L_1 \\ L_2 \\ L_3 \leftarrow (L_3 - L_2) \\ L_4 \end{matrix} =$$

$$det \begin{bmatrix} 1 & 2 & 0 & 3 \\ 0 & -1 & 1 & 1 \\ 0 & 0 & 1 & -3 \\ 0 & 0 & 3 & -3 \end{bmatrix} \begin{matrix} L_1 \\ L_2 \\ L_3 \\ L_4 \leftarrow (L_4 - 3L_3) \end{matrix} = det \begin{bmatrix} 1 & 2 & 0 & 3 \\ 0 & -1 & 1 & 1 \\ 0 & 0 & 1 & -3 \\ 0 & 0 & 0 & 6 \end{bmatrix} =$$

$$= 1 \cdot (-1) \cdot 1 \cdot 6 = -6$$

Exemplo 2.49. Calcular o determinante de $\begin{bmatrix} 1 & 0 & 0 & 1 \\ 0 & 0 & 1 & 1 \\ 0 & 1 & 0 & 2 \\ 0 & 0 & 0 & 2 \end{bmatrix}$.

$$det \begin{bmatrix} 1 & 0 & 0 & 1 \\ 0 & 0 & 1 & 1 \\ 0 & 1 & 0 & 2 \\ 0 & 0 & 0 & 2 \end{bmatrix} \begin{matrix} L_1 \\ L_2 \rightleftharpoons L_3 \\ L_3 \rightleftharpoons L_2 \\ L_4 \end{matrix} = -det \begin{bmatrix} 1 & 0 & 0 & 1 \\ 0 & 1 & 0 & 2 \\ 0 & 0 & 1 & 1 \\ 0 & 0 & 0 & 2 \end{bmatrix} = -2$$

2.5 Exercícios

Exercício 2.50. Calcule o determinante das matrizes quadradas a seguir:

(a) $A_2 := a_{ij} = i+2j$ (b) $B_3 := b_{ij} = 2j-3i$ (c) $C_4 := c_{ij} = (-1)^{i+j}$

Exercício 2.51. Se $A = \begin{bmatrix} 2 & 1 & 0 \\ 1 & 0 & -1 \end{bmatrix}$, $B = \begin{bmatrix} 2 & 1 \\ 1 & 0 \\ 0 & 1 \end{bmatrix}$ e $C = \begin{bmatrix} 2 & 1 \\ 1 & 1 \end{bmatrix}$, verifique quais casos a seguir são inversíveis e calcule a inversa quando ela existir:

(a) C (b) AB (c) C^2 (d) $I_2 + C$ (e) $2A$

(f) BA (g) ABC (h) $C - I_2$ (i) $(2C)^t$

Exercício 2.52. Resolva cada sistema a seguir:

(a) $\begin{cases} x + 2y = 7 \\ 2x + 3y = 13 \end{cases}$ (b) $\begin{cases} x + y + z = 11 \\ 2x + 3y + 2z = 26 \\ x - y - z = -7 \end{cases}$

(c) $\begin{cases} x + y + z = 6 \\ 2x + 3y + z = 11 \end{cases}$ (d) $\begin{cases} x + 2y = 2 \\ 2x + 3y = 10 \\ x + y = 1 \end{cases}$

(e) $\begin{cases} x + 2y - w = 2 \\ 3y - z - 2w = -2 \\ x + y + 2z = 7 \\ x + z + w = 9 \end{cases}$

Exercício 2.53. Sabendo que A_2 é tal que $A^2 - I_2 = 0_2$, descreva todas as matrizes que A pode ser.

Exercício 2.54. Se A, B são matrizes quadradas inversíveis de mesma ordem, calcule $AB + AB^t$, sabendo que B é antissimetrica.

Exercício 2.55. Calcule o posto e nulidade das matrizes a seguir:

(a) $\begin{bmatrix} 1 & 1 & 0 \\ 3 & 0 & -1 \\ 1 & 1 & 1 \end{bmatrix}$ (b) $\begin{bmatrix} 1 & 0 & 0 & 1 \\ 1 & 0 & -1 & 3 \\ 1 & 1 & 1 & 5 \\ 0 & 2 & 4 & 1 \end{bmatrix}$ (c) $\begin{bmatrix} 1 & 1 & 0 \\ 1 & 0 & -1 \\ 1 & 0 & 1 \\ 0 & 2 & 1 \end{bmatrix}$

3 Espaços vetoriais

Finalmente nesta seção iniciaremos o assunto central da disciplina: Espaços vetoriais. Antes de mais nada, precisamos definir o que vem a ser um espaço vetoriais, então diremos as intuições acerca do proposto.

Definição 3.1. Seja V um conjunto não vazio, K um corpo,+ uma operação de soma em V e uma multiplicação por escalar com as seguintes propriedades, $\forall u, v, w \in V$ e $\forall \alpha, \lambda \in K$:

(i) $u + v \in V$ (Soma fechada)

(ii) $u + v = v + u$ (Soma comutativa)

(iii) $u + (v + w) = (u + v) + w$ (Soma associativa)

(iv) $\overrightarrow{0} \in V$ de modo que $\overrightarrow{0} + u = u$ (Neutro)

(v) $\exists(-u) \in V$ de modo que $u + (-u) = \overrightarrow{0}$ (Oposto)

(vi) $\alpha u \in V$ (Produto por escalar fechado)

(vii) $\alpha(u + v) = \alpha u + \alpha v$ (Distributiva vetorial)

(viii) $(\alpha + \lambda)u = \alpha u + \lambda v$ (Distributiva escalar)

(ix) $1u = u$ (Identidade escalar)

(x) $\alpha(\lambda u) = (\alpha\lambda)u$ (Compatibilidade escalar)

Nestas condições, dizemos que os elementos de V são vetores e os elementos do corpo K são escalares. Note que usamos $\overrightarrow{0}$ para denotar o vetor nulo, elemento neutro da adição, enfatizando a diferença do número 0 no corpo K.

São realmente muitas condições, não é mesmo? Mas vejamos, uma forma simples de ver isto é que a soma funciona como uma operação comum, que podemos inverter à vontade. A multiplicação por escalar é parecido, de certa forma, com a de números. A idéia básica é que cada vetor é como uma "seta"que tem direção e tamanho.

Podemos interpretar, por exemplo, o objeto $(3, 4)$ como uma seta que parte da origem (0,0) e termina no ponto $(3, 4)$, sua direção sendo fácil de desenhar e seu tamanho calculável pela distância euclideana que vimos: $\sqrt{3^2 + 4^2} = 5$.

Veja na ilustração a seguir alguns exemplos. Note que em cada caso o vetor é interpretado como uma seta partindo da origem. "Um movimento em linha reta", possuindo direção e tamanho total, como uma estrada.

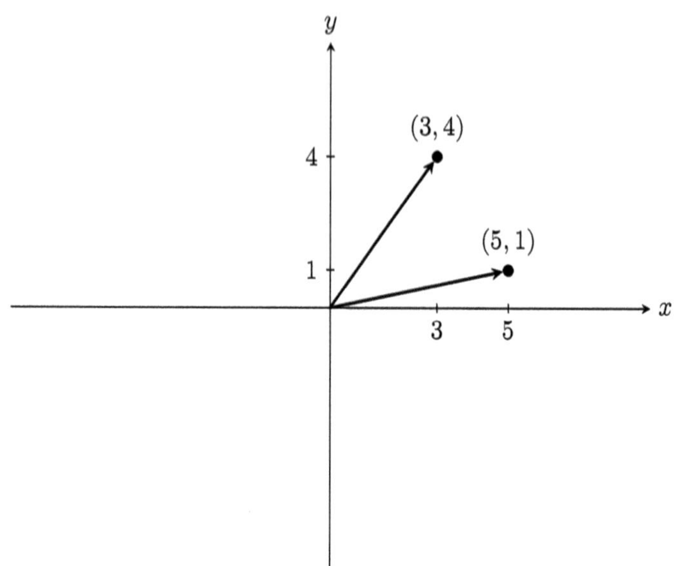
y
(3, 4)
4
(5, 1)
1
x
3
5

3.1 Alguns espaços usuais

Vamos falar de alguns espaços vetoriais canônicos e usuais, principais nesta disciplina:

Definição 3.2. Definimos um espaço vetorial usual (canônico) sobre o corpo dos reais no plano cartesiano $\mathbb{R}^2$ com as operações:

$$(x,y)+(a,b)=(x+a,y+b), \quad \lambda(x,y)=(\lambda x,\lambda y)$$

Teríamos, antes, que provar que esta estrutura realmente satisfaz as 10 propriedades! Mas veja, comutativa e associativa seguem facilmente por serem números reais somando em cada uma das duas componentes. Uma distributiva segue do fato $\lambda((x,y)+(a,b)) = \lambda(x+a,y+b) = (\lambda x+\lambda a, \lambda y+\lambda b) = (\lambda x,\lambda y)+(\lambda a,\lambda b) = \lambda(x,y)+\lambda(a,b)$, enquanto a outra segue análogo. O elemento neutro é claramente $(0,0)$ e o oposto de um vetor é o mesmo com sinais trocados.

Este espaço descreve todas as setas que podemos escrever no plano, partindo semprem da origem $(0,0)$, sendo nosso ponto de comparação. Note que a origem (0,0) também descreve o vetor nulo, isto é, a seta que parte de um ponto e não tem direção nem tamanho, acabando no mesmo ponto. Note mais, que se você andar em uma direção (x,y) e então voltar a mesma direção e o mesmo tento, você volta ao ponto inicial, não? Isso fica caracterizado por $(x,y)+(-x,-y)=(0,0)$.

De forma análoga temos:

Definição 3.3. Definimos em $\mathbb{R}^3$ um espaço vetorial sobre $\mathbb{R}$ canônico, dado de maneira análoga ao no plano:

$$(x,y,z)+(a,b,c)=(x+a,y+b,z+c), \quad \lambda(x,y,z)=(\lambda x,\lambda y,\lambda z)$$

Note que aqui temos literalmente o análogo ao plano cartesiano usual, mas agora em "3 dimensões". Ainda falaremos sobre dimensões, mas este espaço pode ser visto também como diversas setas, mas agora, num espaço idêntico ao físico, com três componentes: Altura, largura e profundidade. Podemos fazer o mesmo com qualquer número de componentes, temos assim sempre um espaço vetorial canônica em cada $\mathbb{R}^n$ com $n \in \mathbb{N}$. Só é importante notar que se $n > 3$ a visualização das setas fica fortemente comprometida, dado que nossa visão e percepção humana restringe-se a 3 componentes mencionadas.

Convenção: Quando falarmos simplesmente de $\mathbb{R}^2$ ou $\mathbb{R}^3$ como espaços vetoriais, estamos nos referindo aos canônicos aqui referidos. Quando há uma soma ou multiplicação por escalar diferente, descrevemos o espaço vetorial por uma quadrupla ordenada $(V,+,esc,K)$, lendo "V é espaço vetorial com operações + e multiplicação por escalar *esc* sobre o corpo K. Também podemos dizer que V é um K-espaço vetorial com as operações + e *esc*. Veremos depois alguns casos que são diferentes.

Proposição 3.4. Em um espaço vetorial V qualquer sobre um corpo K, valem as propriedades, quaisquer $u \in V$ e $\lambda \in K$:

(i) O oposto de um vetor é único. Não existem dois opostos distintos de um mesmo vetor num espaço vetorial

(ii) $0u = \lambda \overrightarrow{0} = \overrightarrow{0}$

(iii) $-u = -1u$ e também $(-\lambda)u = \lambda(-u)$

(iv) Se $\lambda u = \overrightarrow{0}$, então $\lambda = 0$ ou $u = \overrightarrow{0}$

Demonstração. (i) Imagine que existam v, w opostos a u, isto é, $u + v = \overrightarrow{0} = u + w$, portanto $u + v = u + w$, assim $(-u) + u + v = (-u) + u + w$, logo $\overrightarrow{0} + v = \overrightarrow{0} + w$ e portanto $v = w$, quaisquer dois opostos de um mesmo vetor são iguais, ou seja, há um único oposto.

(ii) e (iii) Sabemos que $0(1u) = (0 \cdot 1)u = 0u$, e também $0(2u) = (0 \cdot 2)u = 0u$, portanto $0(1u) = 0(2u)$, logo $(0 \cdot 1)u = (0 \cdot 2)u$ e portanto $(1 \cdot 0)u = (2 \cdot 0)u$, decorrendo que $1(0u) = 2(0u)$. Assim somamos o oposto de cada lado $0u + (-(0u)) = 2(0u) + (-0u)$ resulta em $0u = \overrightarrow{0}$.

A seguir, usamos que $\overrightarrow{0} = 0u = (\lambda - \lambda)u = \lambda u + (-1\lambda)u$, ou seja λu é o oposto de $(-\lambda u)$, portanto $-(\lambda u) = (-\lambda)u$. Tomando $\lambda = 1$, temos o caso $(-1)u = -u$.

Finalmente $\lambda \overrightarrow{0} = \lambda(u + (-u)) = \lambda u + \lambda(-u) = \lambda u + (-\lambda)u = (\lambda - \lambda)u = 0u = \overrightarrow{0}$.

(iv) Seja $\lambda u = \overrightarrow{0}$. Então $\lambda u = -\lambda u$, pois $\overrightarrow{0} = -\overrightarrow{0}$. Se $\lambda = 0$, já decorre que $\lambda u = \overrightarrow{0}$. Suponha agora que $\lambda \neq 0$. Assim $\frac{1}{\lambda}\lambda u = \frac{1}{\lambda}(-\lambda u)$ que implica $u = -u$, portanto $2u = \overrightarrow{0}$, assim $\frac{1}{2}2u = \frac{1}{2}\overrightarrow{0}$ e, portanto, $u = \overrightarrow{0}$. □

A propriedade (i) acima é chamada de **unicidade do oposto**, a segunda nos diz que não importa onde o "nulo"está, no escalar ou no vetorial, ele anula o objeto. A terceira propriedade nos diz que o sinal pode estar no vetor ou no escalar que o multiplica, não importa onde o sinal está.

A partir de agora, omitiremos a setinha vetorial para praticidade, deixando implicito que se $x \in K$ e $x = 0$, então x é o escalar zero, enquanto se $u \in K^n$ e $u = 0$, estamos falando aqui que u é o vetor nulo.

Note que há também a **unicidade do neutro**, pois imagine que houvessem dois neutros, 0_a e 0_b num mesmo espaço vetorial, teríamos que $0_a = 0_a + 0_b = 0_b$ pois ambos são neutros aditivos. Ou seja, são iguais, um único.

Vamos ver um exemplo não canônico:

Exemplo 3.5. Mostre que $(\mathbb{R}^2, +, esc, \mathbb{R})$ é um espaço vetorial se as operações são definidas por:

$$\forall(x,y) \in \mathbb{R}^2, \forall(a,b) \in \mathbb{R}^2 \ : \ (x,y) + (a,b) = (x+a+1, y+b+1)$$

$$\forall(x,y) \in \mathbb{R}^2, \forall\lambda \in \mathbb{R} \ : \ \lambda(x,y) = (\lambda x + \lambda - 1, \lambda y + \lambda - 1)$$

Vamos checar as propriedades tomando quaisquer $u = (x_u, y_u), v = (x_v, y_v), w = (x_w, y_w) \in V$ e $\forall\alpha, \lambda \in \mathbb{R}$: :

(i) A soma é fechada pois o resultado é tambem algo com duas componentes e cada uma é real.

(ii) A soma é comutativa, pois:
$(x_u, y_u) + (x_v + y_v) = (x_u + x_v + 1, y_u + y_v + 1) = (x_v + x_u + 1, y_v + y_u + 1) = (x_v, y_v) + (x_u + y_u)$

(iii) A soma é associativa, pois: $(x_u, y_u) + ((x_v, y_v) + (x_w, y_w)) = (x_u, y_u) + (x_v + x_w + 1, y_v + y_w + 1) = (x_u + x_v + x_w + 1 + 1, y_u + y_v + y_w + 1 + 1) = (x_u + x_v + 1, y_u + y_v + 1) + (x_w, y_w) = ((x_u, y_u) + (x_v, y_v)) + (x_w, y_w)$

(iv) Queremos saber quem é (a, b), o vetor nulo, de modo que $(x, y) + (a, b) = (x, y)$, quaisquer que sejam $x, y \in \mathbb{R}$. Então: $(x + a + 1, y + b + 1) = (x, y)$, concluindo que $a = -1$ e $b = -1$. Logo, neste caso, $\vec{0} = (-1, -1)$. Note como é estranho o vetor nulo devido a operação de soma ser "estranha". Assim, o nulo existe no espaço.

(v) Dado $u = (x_u, y_u)$ queremos saber quem é v, o oposto. Por definição, $u + v = \vec{0} = (-1, -1)$. Então $(x_u, y_u) + (x_v, y_v) = (-1, -1)$, efetuando a operação, $(x_u + x_v + 1, y_u + y_v + 1) = (-1, -1)$. Assim $x_u + x_v + 1 = -1$, portanto $x_v = -2 - x_u$ e, de maneira análoga com y, obtemos pela segunda coordenada $y_v = -2 - y_u$.
Assim, o oposto de u neste espaço, é $(-u) = (-x_u - 2, -y_v - 2)$, enfatisando que o "menos"de fora pode significar algo diferente do "menos"de dentro do vetor, de acordo com as operações

(vi) O produto por escalar é fechado pois as componentes continuam sendo números reais.

(vii) Distributiva vetorial:

$$
\begin{aligned}
\lambda((x_u, y_u) + (x_v, y_v)) &= \lambda(x_u + x_v + 1, y_u + y_v + 1) = \\
&= (\lambda(x_u + x_v + 1) + \lambda - 1, \lambda(y_u + y_v + 1) + \lambda - 1) = \\
&= (\lambda x_u + \lambda - 1, \lambda y_u + \lambda - 1) + (\lambda x_v + \lambda - 1, \lambda y_v + \lambda - 1) = \\
&= \lambda(x_u, y_u) + \lambda(x_v, y_v)
\end{aligned}
$$

(viii) Distributiva escalar:

$$
\begin{aligned}
(\lambda + \alpha)(x_u, y_u) &= ((\lambda + \alpha)x_u + (\lambda + \alpha) - 1, (\lambda + \alpha)y_u + (\lambda + \alpha) - 1) = \\
&= (\alpha x_u + \alpha - 1, \alpha y_u + \alpha - 1) + (\lambda x_u + \lambda - 1, \lambda y_u + \lambda - 1) = \\
&= \alpha(x_u, y_u) + \lambda(x_u, y_u)
\end{aligned}
$$

(ix) Identidade: $1(x_u, y_u) = (1x_u + 1 - 1, 1y_u + 1 - 1) = (x_u, y_u)$

(x) Compatibilidade escalar:

$$
\begin{aligned}
\alpha(\lambda(x_u, y_u)) &= \alpha(\lambda x_u + \lambda - 1, \lambda y_u + \lambda - 1) = \\
&= (\alpha(\lambda x_u + \lambda - 1) + \alpha - 1, \alpha(\lambda y_u + \lambda - 1) + \alpha - 1) = \\
&= (\alpha\lambda x_u + \alpha\lambda - 1, \alpha\lambda y_u + \alpha\lambda - 1) = \\
&= (\alpha\lambda)(x_u, y_u)
\end{aligned}
$$

Finalmente, a estrutura supre todas as 10 propriedades que caracterizam um espaço vetorial. Mesmo com operações bem "estranhas", temos também aqui um espaço vetorial.

Para nossa felicidade, o foco de cursos de álgebra inicial sempre focam em espaços vetoriais canônicos, então este exemplo fica como um exercício mental.

Outro espaço canônico:

Definição 3.6. Seja a familia de matrizes $V = \mathcal{M}_{n \times m}(\mathbb{R})$ todas de mesma ordem $n \times m$. Então $(V, +, esc, \mathbb{R})$ é chamado de **espaço vetorial das matrizes** de ordem $n \times m$, onde aqui a operação de soma é a usual de matrizes e a multiplicação por escalar é também a usual que já vimos de matrizes. Note que o espaço é formado por todas as matrizes com entradas reais, todas **de mesma ordem**. Ordens diferentes estão em espaços vetoriais diferentes.

E mais um:

Definição 3.7. Definimos o espaço vetorial dos **polinômios de grau menor ou igual a n** como $\mathcal{P}_n(\mathbb{R}) = \{a_0 + a_1x + a_2x^2 + ... + a_nx^n \mid a_i \in \mathbb{R}, \forall i\}$, com a soma usual de polinômios e produto escalar sendo a distributiva usual.

Note que um polinômio de grau 2 pode ser visto como um vetor de 3 componentes: $2 + 3x + 7x^2 \sim (2, 3, 7)$, assim como um polinômio de grau 1 pode ser visto como um vetor de duas componentes $x = 0 + 1x \sim (0, 1)$ e uma matriz 2×2 um vetor de 4 componentes: $\begin{bmatrix} a & b \\ c & d \end{bmatrix} \sim (a, b, c, d)$

Note que mesmo os números complexos podem ser visto como um espaço vetorial sobre os reais, pois $a + bi \sim (a, b)$. Um corpo qualquer é um espaço vetorial sobre si mesmo, mas aqui não temos vantagem alguma, dado que as propriedades ficam puramente numéricas.

3.2 Independência linear, base e dimensão

Nesta subseção veremos as ferramentas principais desta primeira disciplina de algebra linear. Perceba que todos os espaços vetoriais mostrados tinham 2,3 ou 4 componentes. Em casos de matrizes 3×3, até 9 componentes, mas sempre uma quantidade **finita** de componentes. Perceba que na definição em momento algum mencionamos esta propriedade: simplesmente porque ela é um caso particular e extremamente útil. Vamos elaborar acerca disto nesta subseção.

Definição 3.8. Seja V um K-espaço vetorial e um $A \subset V$ um subconjunto. Dizemos que A é **linearmente independente**, ou simplesmente LI, se para quaisquer finitos vetores $v_1, v_2, ..., v_n \in A$ e quaisquer $\alpha_1, \alpha_2, ..., \alpha_n \in K$ a seguinte equação

$$\alpha_1 v_1 + \alpha_2 v_2 + ... + \alpha_n v_n = \overrightarrow{0}$$

é verdadeira se e somente se se todos os escalares $\alpha_i = 0$.

Caso contrário, se houver pelo menos algum escalar $\alpha_i \neq 0, i = 1, 2, 3, ..., n$ que continua "zerando"a equação acima, dizemos que o conjunto é **linearmente dependente**, ou simplesmente LD. Neste caso, escolha algum $\alpha_i \neq 0$ e logo temos

$$v_i = \frac{\alpha_1}{\alpha_i} v_1 + \frac{\alpha_2}{\alpha_i} v_2 + ... + \frac{\alpha_{i-1}}{\alpha_i} v_{i-1} + \frac{\alpha_{i+1}}{\alpha_i} v_{i+1} + ... + \frac{\alpha_n}{\alpha_i} v_n$$

e dizemos que v_i é combinação linear dos demais vetores de A.

Neste curso, o conjunto A no qual checaremos a dependência linear será sempre finito.

Exemplo 3.9. Definindo $v_1 = (1, 2)$, $v_2 = (1, 0)$ e $v_3 = (0, 2)$, o conjunto $\{v_1, v_2, v_3\}$ é LD, pois $v_2 + v_3 = v_1$, mas $\{v_1, v_2\}, \{v_2, v_3\}$ e $\{v_1, v_3\}$ são todos LI.

Proposição 3.10. Se V é um K-espaço vetorial e $B \subset A \subset V$ com $B \neq \varnothing$. Valem as propriedades:

(i) Se A é LI, então B é LI também.

(ii) Se B é LD, então A é LD também.

Demonstração. (i) Por hipótese sabemos que $\sum_{k=1}^{n} \alpha_k v_k = \overrightarrow{0}$, onde α_k são escalares (elementos do corpo) e $A = \{v_1, ..., v_n\}$ é verdadeira somente quando todos os escalares são nulos.

Suponha que $B \subset A$ que não é LI, então existem elementos $v_{k_1}, ..., v_{k_m}$ de B onde $m \leq n$ de modo que $\sum_{i=1}^{m} \alpha_{k_i} v_{k_i} = \overrightarrow{0}$ com algum escalar não nulo.

Mas note que esta soma é um pedaço da outra maior, caso particular onde os escalares não inclusos são zero. Então se esta equação admite soma nula com escalares não nulos, a soma original também admite, o que seria absurdo pois A é LI.

Portanto B precisa ser LI também.

(ii) Análogo ao feito acima, se combinações lineares de B resultam em zero sem todos os escalares serem zero, devido a B ser LD, então basta fazer a mesma soma de vetores em A mas com os novos vetores possuindo escalares zero, fazendo com que A também admita combinação linear nula sem todos os escalares serem nulos. □

Com a proposição acima temos as seguintes regras: (i) Retirar elementos de um conjunto LI mantém o resultante LI, enquanto (ii) adicionar elementos a um conjunto LD o manterá LD, independente de quais elementos forem escolhidos. Assim, "diminuir"um LI mantém ele LI, enquanto "aumentar"um LD mantém ele LD.

Definição 3.11. Seja V um K-espaço vetorial e $B = \{b_1, b_2, ..., b_n\} \subset V$ um subconjunto com finitos vetores. Dizemos que B gera o espaço vetorial V (ou que é uma base de V) se B é LI e qualquer vetor de V é uma soma de multiplos de elementos de B, isto é:

$$\forall v \in V,\ \exists(\alpha_1, ..., \alpha_n \in K)\ :\ v = \alpha_1 b_1 + \alpha_2 b_2 + ... + \alpha_n b_n$$

Nestas condições, dizemos que V tem dimensão n, o número de vetores que gerou o espaço. Denotamos $dim(V) = n$ e o fato de B gerar V escrevemos por $span(B) = V$.

Nesta definição vemos a importância de, neste curso, especificarmos que trabalhamos com conjuntos linearmente independentes finitos. Justamente porque estamos trabalhando em dimensão finita. Se abrirmos mão disto, muitas propriedades se modificam e alguns métodos importantes deixam de funcionar, bem como alguns teoremas que veremos em breve.

Exemplo 3.12. Perceba que um mesmo espaço vetorial pode ter várias bases, a existência de base não diz que existe uma única escolha. É literalmente relativo à base escolhida, por exemplo $\{(1,1),(1,2)\}$ forma uma base de $\mathbb{R}^2$, assim como $\{(1,0)(1,1)\}$ também forma.

Proposição 3.13. Se B é uma base de um espaço vetorial V então $\overrightarrow{0} \notin B$. Em particular, nenhum conjunto LI pode ter como elemento o vetor nulo.

Demonstração. Basta pegar o caso simples onde $B = \{\overrightarrow{0}\}$ e notar que $\alpha\overrightarrow{0} = \overrightarrow{0}$ para qualquer α no corpo, não nulo também. Assim, existe escalar não nulo que anula a soma $\sum_{i=1}^{1} \alpha_i v_i = \overrightarrow{0}$ e assim, qualquer conjunto maior que contenha B, ou seja, o vetor nulo, também será LD, não podendo ser base. □

Definição 3.14. Seja K um corpo e K^n o K-espaço vetorial usual, com a soma usual termo a termo e a multiplicação por escalar usual, em formato de distributiva. Então definimos como base canônica de K^n o conjunto:

$$\{e_i \mid i = 1, 2, 3, ..., n\}$$

onde $e_i = (0, 0, ..., 0, 1, 0, ..., 0)$ o vetor que é zero em todas as coordenadas, exceto na i-ésima coordenada, onde vale zero. Neste curso, como sempre, $K = \mathbb{R}$ ou, quando sinalizado $K = \mathbb{C}$

Exemplo 3.15. Alguns espaços vetoriais comuns sobre $\mathbb{R}$ são:
$\mathbb{R}^2 = span\{(1,0), (0,1)\}$ e também $\mathbb{R}^3 = span\{(1,0,0), (0,1,0), (0,0,1)\}$, pois qualquer vetor em tais espaços podem ser descrito como uma soma destes vetores canônicos.

Note que $(1, 2, 5) = (1, 0, 0) + (0, 2, 0) + (0, 0, 5) = 1(1, 0, 0) + 2(0, 1, 0) + 5(0, 0, 1) = 1e_1 + 2e_2 + 5e_3$.

Observação 3.16. Todo vetor do $\mathbb{R}^2$ é da forma (x, y) e pode ser interpretado como uma seta de tamanho $d = \sqrt{x^2 + y^2}$, deduzível usando pitágoras, e com um ângulo, seguindo a lógica do círculo trigonométrico.

Então $(x, y) = \sqrt{x^2 + y^2}(cos(\theta), sen(\theta))$, onde θ pode ser encontrado desenhando o vetor no plano e fechando um triângulo retângulo. Este processo é equivalente ao feito no plano dos complexos.

Há uma fórmula semelhante no $\mathbb{R}^3$ mas envolve dois ângulos e **coordenadas esféricas**, algo que foge de nosso escopo aqui, sendo estudado a partir de Cálculo 3, normalmente.

Teorema 3.17. (Teorema da unicidade da dimensão finita)
Se um espaço vetorial V é gerado por uma quantidade $n \in \mathbb{N}$ (ou seja, finita) de vetores, a dimensão de V é única e $dim(V) = n$

Demonstração. Sejam as bases $\{u_1, ..., u_n\}$ e $\{v_1, ..., v_m\}$ de V.

Suponha, sem perda de generalidade, que $n < m$. Como ambos os conjuntos geram todo o espaço, em particular cada v_i com $i = 1, 2, ..., m$ é combinação linear dos u_j com $j = 1, 2, ..., n$. Assim, escrevemos somente os primeiros n vetores v_i como combinação linear dos u_j e assim:

$$\{v_1, v_2, ..., v_n, v_{n+1}, ..., v_m\} = \left\{ \sum_{k_1=1}^{n} \alpha_{k_1} u_{k_1}, \sum_{k_2=1}^{n} \alpha_{k_2} u_{k_2}, ..., \sum_{k_n=1}^{n} \alpha_{k_n} u_{k_n}, v_{n+1}, ..., v_m \right\}$$

e reescrevemos:

$$\{u_1, u_2, ..., u_{n-1}, u_n, v_{n+1}, ..., v_m\}$$

Como só os primeiros n vetores já geram o espaço, podemos escrever v_{n+1} como combinação dos primeiros u_i elementos com $i = 1, 2, ..., n$, o que nos conclui que $\{v_1, ..., v_m\}$ é LD, absurdo. Portanto só pode ocorrer $n = m$. □

Corolário 3.18. O espaço vetorial usual $\mathbb{R}^n$ sobre $\mathbb{R}$ tem dimensão n. Em particular, $dim(\mathbb{R}^2) = 2$ e $dim(\mathbb{R}^3) = 3$. Além disso, qualquer conjunto que tenha mais vetores que a dimensão do espaço será automaticamente LD (no referido espaço).

O espaço usual dos polinômios de grau menor ou igual a n sobre $\mathbb{R}$, descrito como $\mathcal{P}_n(\mathbb{R})$ gerado pelo conjunto $\{1, x, x^2, ..., x^n\}$ que é sua base canônica têm dimensão $n + 1$, o maior grau de polinômio no espaço com um a mais (representando as constantes).

O espaço usual das matrizes quadradas de ordem 2 sobre $\mathbb{R}$ denotado por $\mathcal{M}_2(\mathbb{R})$ e gerado pelo conjunto $\left\{ \begin{bmatrix} 1 & 0 \\ 0 & 0 \end{bmatrix}, \begin{bmatrix} 0 & 1 \\ 0 & 0 \end{bmatrix}, \begin{bmatrix} 0 & 0 \\ 1 & 0 \end{bmatrix}, \begin{bmatrix} 0 & 0 \\ 0 & 1 \end{bmatrix}, \right\}$ que é sua base canônica tem dimensão 4, análogo ao $\mathbb{R}^4$.

De maneira geral, o espaço usual das matrizes $n \times m$ sobre $\mathbb{R}$ denotado por $\mathcal{M}_{n \times m}(\mathbb{R})$ tem como base canônica o conjunto das matrizes que possuem uma única componente valendo 1 e todo o restante zero, totalizando nm matrizes, podendo ser visto como um vetor do espaço $\mathbb{R}^{nm}$ e tendo dimensão nm. Em particular, $dim(\mathcal{M}_3(\mathbb{R})) = 9$, $dim(\mathcal{M}_n(\mathbb{R})) = n^2$ e $dim(\mathcal{M}_{3\times 2}(\mathbb{R})) = dim(\mathcal{M}_{2\times 3}(\mathbb{R})) = 6$

Teorema 3.19. Todo espaço vetorial possui base (consequentemente, dimensão).

O teorema acima não será demonstrado pois parte, inicialmente do **axioma da escolha** ou do **lema de Zorn**, objetos mais complexos que provam que mesmo espaços de dimensão infinita possuirão base também. Neste caso, neste curso, ele nos diz que todo espaço vetorial terá algum $n \in \mathbb{N}$ que será sua dimensão, sendo dimensão zero se o espaço tiver somente o vetor nulo.

3.3 Subespaços vetoriais

É importante notar, como veremos, que nem sempre um espaço está "completo". Queremos dizer isso no sentido de podermos pegar somente algumas fatias dele e ainda ter um espaço vetorial menor. Quando dizemos menor, estamos querendo dizer de dimensão menor.

Definição 3.20. Seja V um K-espaço vetorial e $W \subset V$ não vazio. Dizemos que W é **subespaço vetorial** de V se W é também um K-espaço vetorial. Se $W \neq V$, dizemos que é um **subespaço próprio**. Notação: $W \preceq V$ para subespaço vetorial e $W \prec V$ para subespaço vetorial próprio.

Observação 3.21. Note que todo espaço vetorial tem pelo menos um subespaço vetorial, o espaço vetorial nulo dado por $w = \{\overrightarrow{0}\}$ já que o nulo sempre existe no espaço vetorial, ele pode ser o único elemento de todo o espaço. Uma outra possibilidade é se $W = V$ o espaço inteiro, pois lembra que um conjunto sempre está contido em si mesmo, valendo que $W \subset V$. Estes são os chamados **subespaços triviais** pois existem sempre, podendo até ser iguais no caso em que $V = \{\overrightarrow{0}\} = W$.

Vamos ver algumas ferramentas que simplificam encontrar subespaços, para não ser necessário provar todas aquelas 10 propriedades de um espaço vetorial. Usaremos fortemente o fato de que é sobre o mesmo corpo, portanto, muitas propriedades já são gerais.

Proposição 3.22. Seja V um K-espaço vetorial e $W \subset V$ não vazio. Então os itens a seguir são equivalentes:

(i) $\overrightarrow{0} \in W$ e quaisquer $u, v \in W$ e quaisquer $\lambda \in K$ ocorre o fechamento de operações, isto é, $u + v \in W$ e $\lambda u \in W$ (isso implica que o oposto também esta em W)

(ii) Quaisquer $\alpha, \beta \in K$ e quaisquer $u, v \in W$ ocorre que $\alpha u + \beta b \in W$, fechamento de todas as propriedades em combinação linear

(iii) W é um K-subespaço vetorial de V

Demonstração. (i) $\Rightarrow$ (ii)
Por hipótese, $\alpha u \in W$ e $\beta v \in W$ quaisquer sejam. Por hipotese, a soma também está, logo: $\alpha u + \beta v \in W$.

(ii) $\Rightarrow$ (iii)
Por hipótese, W tem as propriedades de fechamentos, compatibilidade escalar, distributivas, identidade multiplicativa, comutativas e associativas já herdadas de V pois é um subconjunto. W possui o nulo pois $\alpha u + \beta v \in W$ quaisquer vetores escolhidos em W e quaisquer escalares escolhidos, Tomando $\alpha = \beta = 0$

obtemos que $\overrightarrow{0} \in W$. Por outro lado, se tomarmos $\beta = 0$ e $\alpha = -1$, temos que o oposto tambémn está em W.

(iii) $\Rightarrow$ (i)
Se W já é subespaço, ja possui todas as propriedades descritas no item (i). $\square$

Exemplo 3.23. O conjunto $V = \{(x, 0) \mid x \in \mathbb{R}\}$ é um subespaço de $\mathbb{R}^2$ com as operações usuais e possui base $\{(1, 0)\}$, tendo, portando dimensão 1.

Teorema 3.24. (Completamento de dimensões)
Seja V um K-espaço vetorial de dimensão finita e $W \preceq V$. Se B_W é uma base de W, então existe $A = \{v_1, ..., v_m\}$ LI ou vazio tal que $B_W \cup A$ forma uma base para V. Em particular, $dim(W) \leq dim(V)$.

Demonstração. Por hipótese, W é subespaço vetorial e, portanto, possui base, digamos $B_W = \{u_1, ..., u_n\}$. Se $W = V$, então a tese já está concluída. Se $W \neq V$, então existem vetores de V que não estão em W.

Seleciono um $v_1 \in V$ e $v_1 \notin W$ de modo que $B_W \cup \{v_1\}$ é LI. Tal v_1 existe pois, caso contrário, seria combinação linear dos elementos anteriores.

Repito o processo com um $v_2 \in V$ de modo que $B_w \cup \{v_1, v_2\}$ é LI.

Repetindo o processo m vezes, teremos uma base de um espaço dada por $\{u_1, ..., u_n, v_1, ..., v_m\}$ que deve ser obviamente LI.

Precisamos provar que este processo tem fim: Ora, por absurdo, se não tivesse fim, haveria uma base contida em V com infinitos elementos, sendo V de dimensão finita (e há a unicidade de dimensão). Logo o processo tem fim quando ocorre $dim(W) + m = dim(V)$, o que conclui que $dim(W) \leq dim(V)$. $\square$

O resultado acima diz que podemos decompor um espaço vetorial de acordo com sua base, de um em um vetor, até ter o espaço completo. Note que de acordo com os elementos que vão sendo escolhidos para completar o espaço, a base criada será diferente.

Exemplo 3.25. O subespaço de $\mathbb{R}^3$ gerado por $\{(1, 0, 0)\}$ pode ser completado adicionando os outros dois canonicos (0,1,0) e (0,0,1). Mas também poderia ser completado com vetores que não são de uma base canônica, como (1,1,0) e (0,1,1).

Exemplo 3.26. Podemos "enxergar"como se o espaço $\mathbb{R}^2$ fosse um subespaço de $\mathbb{R}^3$ e este, um subespaço de $\mathbb{R}^4$ adicionando um vetor canônico por vez, mantendo as demais coordenadas zeradas:

$$A_1 = \{(x, 0, 0, 0) \mid x \in \mathbb{R}\} \preceq \mathbb{R}^4$$

$$A_2 = \{(x, y, 0, 0) \mid x, y \in \mathbb{R}\} \preceq \mathbb{R}^4$$

$$A_3 = \{(x, y, z, 0) \mid x, y, z \in \mathbb{R}\} \preceq \mathbb{R}^4$$

$$A_4 = \{(x, y, z, w) \mid x, y, z, w \in \mathbb{R}\} = \mathbb{R}^4$$

Note que "podemos ver como", mas não é verdade a afirmação que $\mathbb{R}^2 \preceq \mathbb{R}^3$. Haverá, em seções posteriores, uma ferramenta que falaremos que permitira usar essa interpretação de maneira formal e correta.

Para completar espaços usando os resultados vistos precisamos de uma forma eficiente de checar se um vetor escolhido adicionado mantém um conjunto LI.

Observação 3.27. (Existência de base razoável em dimensão finita) Seja V um K-espaço vetorial de dimensão $n \in \mathbb{N}$ com soma usual (termo a termo) e multiplicação escalar usual (por distributiva). Então existe uma base de V dada por $\{e_1, ..., e_n\}$ onde cada e_i pode ser escrita na forma linha por

$$e_i = \underbrace{(0, 0, ..., 0, 1, 0, 0, ..., 0)}_{\text{1 somente na coordenada } i}$$

E neste caso os vetores podem ser enxergados como n-uplas ordenadas.

Teorema 3.28. Teste da independência linear para espaços de dimensão finita canônicos
Seja V um K-espaço vetorial de dimensão $n \in \mathbb{N}$ com soma usual (termo a termo) e multiplicação escalar usual (por distributiva). Então, descrevendo uma familia de vetores todos em linhas montando uma matriz, tal família será LI se e somente se a matriz formada pelos vetores, escalonada, não possuir linhas nulas.

O teorema acima não será provado por decorrer diretamente das definições de escalonamento e de combinação linear. Se alguma linha se anula, ela era combinação linear das anteriores.

Exemplo 3.29. Checar se $\{(1, 1, 1), (1, 0, 1), (0, 1, 0)\}$ forma uma base para $\mathbb{R}^3$. Como já são 3 vetores, equivalente a dimensão do espaço, precisamos checar se é LI para ser uma base.

$$\begin{bmatrix}1&1&1\\1&0&1\\0&1&0\end{bmatrix}\begin{matrix}L_1\\L_2\leftarrow(L_2-L_1)\\L_3\end{matrix}\begin{bmatrix}1&1&1\\0&-1&0\\0&1&0\end{bmatrix}\begin{matrix}L_1\\L_2\\L_3\leftarrow(L_3+L_2)\end{matrix}\begin{bmatrix}1&1&1\\0&-1&0\\0&0&0\end{bmatrix}$$

Assim, conjunto LD, não forma uma base. Retirando o vetor que estava na terceira linha, retiramos um vetor "causador do LD", podendo ser suficiente para tornar o conjunto restante LI, a custo de reduzir a dimensão máxima que tal conjunto poderia gerar.

Exemplo 3.30. Checar a dimensão do espaço vetorial sobre os reais, gerado pelas matrizes $\left\{\begin{bmatrix}1&1\\0&-1\end{bmatrix},\begin{bmatrix}1&1\\0&1\end{bmatrix},\begin{bmatrix}1&0\\0&1\end{bmatrix},\begin{bmatrix}0&1\\0&1\end{bmatrix}\right\}$.

Escrevemos cada matriz como se fossem elementos do $\mathbb{R}^4$, no formato linha, para compara-las via escalonamento:

$$\begin{bmatrix}1&1&0&-1\\1&1&0&1\\1&0&0&1\\0&1&0&1\end{bmatrix}\begin{matrix}L_1\\L_2\leftarrow(L_2-L_1)\\L_3\leftarrow(L_3-L_1)\\L_4\end{matrix}\begin{bmatrix}1&1&0&-1\\0&0&0&2\\0&-1&0&2\\0&1&0&1\end{bmatrix}\begin{matrix}L_1\\L_2\rightleftharpoons L_4\\L_3\\L_4\rightleftharpoons L_2\end{matrix}$$

$$\begin{bmatrix}1&1&0&-1\\0&1&0&1\\0&-1&0&2\\0&0&0&2\end{bmatrix}\begin{matrix}L_1\\L_2\\L_3\leftarrow(L_3+L_2)\\L_4:2\end{matrix}\begin{bmatrix}1&1&0&-1\\0&1&0&1\\0&0&0&3\\0&0&0&1\end{bmatrix}\begin{matrix}L_1\\L_2\\L_3\\L_4\leftarrow(3L_4-L_3)\end{matrix}\begin{bmatrix}1&1&0&-1\\0&1&0&1\\0&0&0&3\\0&0&0&0\end{bmatrix}$$

Assim, o espaço gerado tem dimensão 3 e não gera todo o espaço das matrizes quadradas de ordem 2, pois este tem dimensão 4.

3.4 Exercícios

Exercício 3.31. Verifique em cada caso se o conjunto W é subespaço vetorial de V sobre os reais, com operações usuais. Nos casos em que sim, diga também a dimensão de tal espaço.
(a) $V = \mathbb{R}^2$ e $W = \{(x, 1) \mid x \in \mathbb{R}\}$
(b) $V = \mathbb{R}^3$ e $W = \{(x, 0, z) \mid x, z \in \mathbb{R}\}$
(c) $V = \mathcal{P}_3(\mathbb{R})$ e $W = \{a + bx \mid a, b \in \mathbb{R}\}$
(d) $V = \mathcal{M}_{3\times 3}$ onde W é o conjunto de todas as matrizes quadradas de ordem 3 que são diagonais (podendo também ter diagonal nula)
(e) $V = \mathbb{R}^{20}$ e $W = \{u = (u_1, u_2, ..., u_{20}) \mid u_i \in \mathbb{R}, \quad u_i = 0 \text{ se } i \text{ for par}\}$
(f) V $= \mathbb{R}^4$ e $W = \mathbb{R}^2$
(g) $V = \mathbb{R}^2$ e $W = \{(x, y) \mid x > 0, y > 0\}$

Exercício 3.32. Verifique se cada conjunto é LI e identificando a qual espaço vetorial pertencem. Caso sejam LD ou não gerarem o espaço, complete o conjunto para que forme uma base do espaço inteiro.
(a) $\{(1, 1), (2, 2)\}$
(b) $\{(1, 3, 4), (1, 1, 1), (0, 2, 3)\}$
(c) $\{(1, 2, 3, 4), (1, 1, 0, -1), (2, 3, 3, 3)\}$
(d) $\left\{\begin{bmatrix} 1 & 2 \\ 0 & 1 \end{bmatrix}, \begin{bmatrix} 1 & 0 \\ 2 & 1 \end{bmatrix}, \begin{bmatrix} 0 & 2 \\ -2 & 0 \end{bmatrix}\right\}$
(e) $\{1, x + 1, 3x + 1\}$ em $\mathcal{P}_2(\mathbb{R})$
(f) $\{(2, 3), (1, 1)\}$

Exercício 3.33. Verifique se o conjunto de coordenadas estritamente positivas $\mathbb{R}^2_{>0} = \{(x, y) \mid x, y \in \mathbb{R}, x > 0, y > 0\}$ com as operações a seguir formam um espaço vetorial sobre $\mathbb{R}$:

$$(x, y) + (a, b) = (xa, yb) \quad ; \quad \lambda(x, y) = (x^\lambda, y^\lambda)$$

Exercício 3.34. Verifique se o conjunto das matrizes quadradas de ordem n de componentes estritamente positivas formam um espaço vetorial sobre $\mathbb{R}$ com operações usuais.

Exercício 3.35. Com operações usuais, sabemos dizer que $\mathbb{R}^{13}$ tem dimensão 13. Encontre um espaço vetorial de matrizes que também tenha dimensão 13, com operações usuais.

4 Transformações lineares

Nesta seção falaremos predominantemente das funções que são cerne do estudo de linearidades, vulgo espaços lineares. São funções que preservam as operações, levando de um espaço a outro.

Definição 4.1. Sejam V, W espaços vetoriais sobre um mesmo corpo K. Uma função $T : V \to W$ é dita uma transformação linear se preserva as duas operações, isto é:

$$T(u+v) = T(u) + T(v), \quad \forall u, v \in V$$

$$T(\lambda u) = \lambda T(u), \quad \forall u \in V, \forall \lambda \in K$$

Note que na esquerda, em $T(u+v)$ e em $T(\lambda u)$ estamos usando as operações de V, e isso se preserva se transformando nas operações de W, virando $T(u)+T(v)$ e $\lambda T(u)$.

Exemplo 4.2. Seja $T : \mathbb{R}^2 \to \mathbb{R}^3$ dada por $T(x, y) = (x, y, 0)$. Note que

$$\begin{aligned} T((x,y)+(a,b)) &= T(x+a, y+b) = (x+a, y+b, 0) = (x,y,0)+(a,b,0) = \\ &= T(x,y) + T(a,b) \end{aligned}$$

$$T(\lambda(x,y)) = T(\lambda x, \lambda y) = (\lambda x, \lambda y, 0) = \lambda(x,y,0) = \lambda T(x,y)$$

Exemplo 4.3. A transformação linear que leva todos os vetores de um espaço no nulo é chamada de **transformação nula** e é sempre usada para testar hipóteses.

Proposição 4.4. Se $T : V \to W$ é uma transformação linear entre V, W espaços vetoriais sobre um mesmo corpo, então T leva o nulo de V no nulo de W, ou seja, $T(\overrightarrow{0}_V) = \overrightarrow{0}_W$.

Demonstração. Essa demonstração é um exercício que deve ser naturalizado ao estudante. Note que $\overrightarrow{0}_V = \lambda \overrightarrow{0}_V$, qualquer que seja o escalar λ no corpo. Assim: $T(\lambda \overrightarrow{0}_V) = T(\overrightarrow{0}_V)$, portanto $\lambda T(\overrightarrow{0}_V) = T(\overrightarrow{0}_V)$. Agora temos que $w = T(\overrightarrow{0}_V) \in W$ e λ é um escalar qualquer. Isso nos diz que $\lambda w = w$, se tomarmos $\lambda = 2$, temos que $2w = w$ e logo $2w - w = \overrightarrow{0}_W$ e assim, $w = \overrightarrow{0}_W$. Portanto $T(\overrightarrow{0}_V)$ deve ser o nulo de W. □

Note que a demonstração acima ficou um pouco bagunçada devido ao uso de setas e o indice abaixo mostrando de qual espaço o nulo é. Isso é importante ser enfatizado quando estamos iniciando pois o nulo de um espaço normalmente não é o mesmo nulo de outro espaço. Dito isto, frequentemente omitiremos a seta para a notação ficar mais prática e menos assustadora, menos "cheia". Então sempre que lermos $T(v) = 0$, significa que T está levando o vetor v no nulo, sendo este nulo do espaço ao qual pertence.

Vamos descrever agora uma forma direta de descrever quando uma transformação é linear.

Proposição 4.5. Sejam V, W espaços vetoriais sobre um mesmo corpo e $T : V \to W$ uma função. Vale que $T(\alpha u + \beta v) = \alpha T(u) + \beta T(v)$ para quaisquer vetores $u, v \in V$ e quaisquer escalares $\alpha, \beta \in K$ se e somente se T é transformação linear.

Demonstração. $(\Rightarrow)$
Como vale que $T(\alpha u + \beta v) = \alpha T(u) + \beta T(v)$ para vetores e escalares quaisquer, então tomo $\alpha = \beta = 1$, daí tenho a primeira condição para T ser transformação linear: $T(u + v) = T(u) + T(v)$.

Num segundo caso, tomo $\beta = 0$ e $v = 0$, temos $T(\alpha u) = \alpha T(u)$, a segunda condição. Assim, T é transformação linear.

$(\Leftarrow)$
Por hipótese, T é transformação linear, então:

$$T(\alpha u + \beta v) = T(\alpha u) + T(\beta v) = \alpha T(u) + \beta T(v)$$

Como os parâmetros foram quaisquer, a igualdade vale para quaisquer escalares e vetores. □

Exemplo 4.6. Verifique se a transformação $T(x, y, z) = (x + y, y + z, 1)$ é linear.

Veja que há uma constante não nula. $T(0, 0, 0) = (0, 0, 1)$, vimos que toda transformação linear DEVE levar nulo no nulo, portanto esta não pode ser.

Exemplo 4.7. Verificar se $T(x, y) = 2x + 3y$ é transformação linear de $T : \mathbb{R}^2 \to \mathbb{R}$.

$$\begin{aligned} T(\alpha(x,y) + \beta(a,b)) &= T((\alpha x, \alpha y) + (\beta a, \beta b)) = T(\alpha x + \beta a, \alpha y + \beta b) = \\ &= 2(\alpha x + \beta a) + 3(\alpha y + \beta b) = \\ &= \alpha(2x + 3y) + \beta(2a + 3b) = \alpha T(x,y) + \beta T(a,b) \end{aligned}$$

Portanto, T é transformação linear.

Um resultado importante é o que se segue:

Teorema 4.8. Seja $T : V \to W$ uma transformação linear entre espaços vetoriais sobre um mesmo corpo. Denotando por $T(V)$ o conjunto imagem de T, temos que $T(V)$ é subespaço vetorial de W. Ou seja, imagem de espaço vetorial é espaço vetorial, sob transformação linear.

Demonstração. Vamos provar as condições de subespaço vetorial:

(Nulo) O nulo está em $T(V)$? Sim, pois $T(0_V) = 0_W$.

(Oposto) O oposto está em $T(V)$? Sim, pois $T(-u) = -T(u)$, assim $T(u) + T(-u) = 0$.

(Fechamento da soma) A soma está em $T(A)$? Sim, pois $T(u) + T(v) = T(u + v) \in T(V)$, é imagem de $u + v$.

(Fechamento do produto por escalar) O produto por escalar está em $T(V)$? Sim, note que $\lambda T(u) = T(\lambda u) \in T(V)$, sendo imagem então de λu.

Como $T(V)$ está contido em W que já é um espaço vetorial, então $T(V)$ é subespaço vetorial de W. □

4.1 Injetividade e Núcleo

Definição 4.9. Seja $f : A \to B$ uma função. Dizemos que f é injetora (ou injetiva) se ocorre alguma das duas condições a seguir:

(i) $\forall x, y \in A, \quad x \neq y \Rightarrow f(x) \neq f(y)$

(ii) Se $f(x) = f(y)$, então $x = y$

A definição acima especifica quando uma função não "repete"imagens. Em outras palavras, "dois pontos de partida distintos terão obrigatoriamente resultados distintos".

Exemplo 4.10. Note que $f(x) = x^2$ sobre os reais não é injetora, pois $f(1) = f(-1) = 1$, ou seja, os elementos do domínio distintos, 1 e -1, foram levados ao mesmo "resultado"que é 1 (mesma imagem, em termos corretos).

Porém, $g(x) = 2x + 1$ é injetora, pois imagine um $y = 2x + 1$, isolando o x temos $x = \frac{y-1}{2}$, que nos dá um único x para cada y.

Definição 4.11. Seja $T : V \to W$ uma transformação linear entre os espaços vetoriais V, W sobre um mesmo corpo. Definimos como **núcleo** ou **Kernel** de T o conjunto mapeado ao nulo, isto é:

$$Nuc(T) = Ker(T) = \{v \in V \mid T(v) = 0\}$$

Note que todo núcleo terá o vetor nulo, pois transformações lineares levam nulo em nulo, então vale sempre que $0 \in Nuc(T)$, portanto $Nuc(T) \neq \varnothing$ qualquer T transformação linear entre espaços vetoriais.

Uma propriedade importantíssima sobre núcleos e injetividade é a que se segue:

Proposição 4.12. Uma tranformação linear $T : V \to W$ entre V, W espaços vetoriais sobre mesmo corpo é injetora se e somente se $Nuc(T) = \{0\}$. Ou seja, uma transformação linear é injetora se e somente se o núcleo contém somente o nulo.

Demonstração. ($\Rightarrow$)
Seja T injetora. Então se $v \in V$ e $v \neq 0$, então $T(v) \neq T(0) = 0$, portanto $T(v) \neq 0$. Isso conclui que qualquer vetor não nulo não pode ser mapeado para o nulo, assim, somente o nulo tem como imagem o nulo, assim $Nuc(T) = \{0\}$.

($\Leftarrow$)
Seja T de modo que $Nuc(T) = \{0\}$. Isto significa que se $v \neq 0$ então $T(v) \neq 0$. Assim, sejam $u, w \in V$ de modo que $u \neq w$, logo $u - w \neq 0$ e, portanto $T(u - w) \neq 0$. Usando a linearidade, $T(u) - T(w) \neq 0$ e, portanto, deve

ocorrer $T(u) \neq T(w)$, dois vetores quaisquer distintos foram mapeados a imagens distintas, então T é injetora. □

Isso nos leva a concluir, de maneira resumida, que para checar se uma trasformação linear é injetora, uma maneira fácil de ver isso é checando o núcleo, os elementos que tem imagem nula. Se houver algum alem do nulo, então não será injetora.

Vejamos alguns resultados que ligam injetividade com dimensão:

Proposição 4.13. Seja $T : V \to W$ transformação linear entre espaços vetoriais V, W sobre mesmo corpo e dimensão finita. Se $\{v_1, ..., v_k\} \subset V$ é LI, então $\{Tv_1, ..., Tv_k\} \subset W$ também é. Ou seja, transformação linear injetora preserva independência linear.

Demonstração. Por absurdo, suponha que $\{Tv_1, ..., Tv_k\}$ não seja LI. Então existem escalares λ_i não todos nulos de modo que

$$\lambda_1 Tv_1 + ... + \lambda_k Tv_k = 0$$

Pela linearidade de T

$$T(\lambda_1 v_1 + ... + \lambda_k v_k) = 0$$

Como T é injetora, somente nulo é levado no nulo:

$$\lambda_1 v_1 + ... + \lambda_k v_k = 0$$

Como nem todos os λ_i são nulos, isso nos diria que a hipotese é falsa e $\{v_1, ..., v_k\}$ é LD, absurdo.

Portanto o conjunto $\{Tv_1, ..., Tv_k\} \subset W$ também deve ser LI. □

Essa proposição acima nos assegura que se uma transformação linear é injetora, então, a imagem de uma base será também uma base, preservando a independência linear, mas não necessariamente preenchendo o espaço todo, como veremos a seguir.

Proposição 4.14. Seja $T : V \to W$ transformação linear entre espaços vetoriais V, W sobre mesmo corpo e dimensão finita, então $dim(V) \geq dim(T(V))$. Além disso, se T é injetiva, então $dim(V) = dim(T(V))$.

Demonstração. Seja $B_V = \{v_1, ..., v_n\}$ uma base de V e $B_W = \{w_1, ..., w_m\}$. Note que a imagem $T(V)$ deve ser gerada por $\{Tv_1, ..., Tv_n\}$ pela linearidade de T, mas não é garantido que tal conjunto é LI pois T pode não ser injetora. Então a dimensão da imagem pode ser menor que a do domínio, isto é, $dim(V) \geq dim(T(V))$.

Agora, se T é injetora, então $\{Tv_1, ..., Tv_n\}$ é também LI e forma uma base de um subespaço vetorial de W. Assim sendo, $T(V)$ é gerado por n vetores e tem dimensão n. Como é subespaço vetorial, segue que tem dimensão menor ou igual ao espaço maior:

$$dim(V) = dim(T(V)) = n$$

□

Com os resultados vistos até aqui podemos afirmar que uma transformação linear leva espaço vetorial em espaço vetorial e, mais, se for injetora, preserva a dimensão, isto é, preserva bases!

Observação 4.15. Note, como consequência do resultado acima, que não pode ocorrer, portanto, de $T : V \to W$ ser injetora se $dim(V) > dim(W)$, pois $T(V) \preceq W$, um subespaço teria que ter dimensão maior que o original, impossível. Como exemplo, veja $T : \mathbb{R}^3 \to \mathbb{R}^2$, cujo domínio tem dimensão 3 e imagem pode ter, no máximo, dimensão 2, assim, não há como ocorrer a injetividade pois não há dimensões suficientes no contra-domínio.

Proposição 4.16. Se $T : V \to W$ é transformação linear entre espaços vetoriais sobre mesmo corpo, então $Nuc(T)$ é um subespaço de V.

Demonstração. Vamos checar as condições de subespaço.

(Nulo) O vetor nulo está no núcleo, pois para qualquer transformação linear vale que $T(0) = 0$.

(Oposto) Seja $u \in Nuc(T)$. Então $T(u) = 0$ e também $-T(u) = 0$, pela linearidade vale $T(-u) = 0$ e, portanto, $(-u) \in Nuc(T)$

(Fechamento) Se $u, v \in Nuc(T)$ e $\lambda \in K$, então $T(u) = T(v) = 0$. Assim, $T(u) + T(v) = 0$, pela linearidade temos $T(u + v) = 0$ e portanto $(u + v) \in Nuc(T)$. Além disso, $\lambda T(u) = 0 = T(\lambda u)$, portanto $\lambda u \in Nuc(T)$.

Sendo assim, $Nuc(T)$ supre as condições de subespaço vetorial e está contido em V, portanto é subespaço vetorial. □

Vamos ver a volta de um resultado visto acima:

Proposição 4.17. Sejam V, W são espaços vetoriais sobre um mesmo corpo e de dimensão finita e $T : V \to W$ é uma transformação linear de modo que $dim(V) = dim(T(V))$. Nestas condições, T deve ser injetora.

Demonstração. Por absurdo, suponhamos que existe $v \neq 0$ de modo que $T(v) = 0$. Construimos então uma base de V dada por $\{v_1, ..., v_n\}$ onde $v_1 = v$ e $dim(V) = n$, possível usando o completamento de bases que vimos previamente. Assim, um elemento da imagem $T(u) = T(\sum_{i=1}^{n} \alpha_i v_i) = \sum_{i=1}^{n} \alpha_i T(v_i) = 0 + \sum_{i=2}^{n} \alpha_i T(v_i)$, portanto todo elemento da imagem acaba sendo combinação linear de $n-1$ elementos, o que é absurdo, pois $T(V)$ tem dimensão n, a mesma de V. Portanto tal $v \neq 0$ não pode existir no núcleo, sendo este portanto somente o núcleo trivial, o que implica que T é injetora. □

O resultado acima é o contrário do que vimos anteriormente. Vimos que se T é injetora, então preserva dimensões. Vimos agora o contrário: Se T preserva dimensões, então T é injetora.

4.2 Sobrejetividade e Imagem

Definição 4.18. Se $f : A \to B$ é uma função de modo que $f(A) = B$, isto é, todo o contradomínio é a imagem, então dizemos que f é **sobrejetora** ou **sobrejetiva**.

Exemplo 4.19. A função $f : \mathbb{R} \to \mathbb{R}^2$ dada por $f(x) = (x, 0)$ não é sobrejetora, pois $(1,1) \notin f(A)$, sendo que $(1,1) \in \mathbb{R}^2$. Note que, embora não seja sobrejetora, f é injetora.
Por outro lado, $g : \mathbb{R}^2 \to \mathbb{R}$ dada por $g(x,y) = x$ é sobrejetora pois x percorre todos os reais, mas g não é injetora porque $g(1,1) = g(1,2)$.

Teorema 4.20. Se $T : V \to W$ é transformação linear entre espaços vetoriais sobre mesmo corpo e $dim(V) = dim(W) = n \in \mathbb{N}$, são equivalentes:

(i) T é injetora

(ii) T é sobrejetora

Demonstração. (i) $\Rightarrow$ (ii)
Por hipótese, T é injetora. Então $T(V)$ tem dimensão $n = dim(W)$ e $T(V) \preceq W$, então $T(V) = W$, o que implica que T é sobrejetora.

(ii) $\Rightarrow$ (i)
Usando a contrapositiva, podemos partir da hipótese que se T não é injetora entre espaços de mesma dimensão, então tampouco será sobrejetora.
Então, supondo T não injetora, então $dim(T(V)) < n$. Como $T(V) \preceq W$ e tem dimensão menor, é subespaço próprio, concluindo que $T(V) \neq W$, assim, T também não é sobrejetora. Pela contrapositiva, se T é sobrejetora, será injetora. □

O teorema acima nos dá uma ferramenta boa para deduzirmos algo sobre transformações lineares entre espaços de mesma dimensão. Assim, basta checar o núcleo e já concluímos a injetividade e sobrejetividade em um teste só.

Proposição 4.21. Se V, W são espaços vetoriais de modo que $dim(V) < dim(W)$ então toda transformação linear $T : V \to W$ não será sobrejetora.

Demonstração. Vamos lembrar que $dim(W) > dim(V) \geq dim(T(V))$, o que implica que $dim(W) > dim(T(V))$, havendo então algum $w \in W$ de modo que $w \notin T(V)$. Portanto T não pode ser sobrejetora. □

A seguir um resultado que deve ser trivial, neste ponto, mas deve ser ressaltado:

Proposição 4.22. Se $T : V \to W$ é transformação linear entre espaços vetoriais de dimensão finita sobre um mesmo corpo. Então:

$$dim(T(V)) = dim(W) = n \iff T \text{ é sobrejetora}$$

Demonstração. ($\Rightarrow$)

Como $T(V)$ tem mesma dimensão de W e é subespaço, $T(V)$ deve ser todo o W, caso contrário teriamos $w \in W$ com $w \notin T(V)$ e seria possível completar a base de $T(V)$ com mais vetores até termos uma base de W, mas o máximo de vetores já foi atingido. Portanto $T(V) = W$ e, assim, T deve ser sobrejetora.

($\Leftarrow$)

Como T é sobrejetora, temos que $T(V) = W$. Espaços iguais tem dimensões iguais, logo $dim(W) = dim(T(V))$. □

Por fim, vamos concluir o emaranhado de resultados, onde V, W são espaços de dimensão finita sobre mesmo corpo e $T : V \to W$ uma transformação linear:

- No caso em que $dim(V) = dim(W)$, T é injetora se e somente se T é sobrejetora. Ou é ambas, ou nenhuma.
- T é injetora se e somente se $dim(T(V)) = dim(V)$, preserva a dimensão do domínio
- T é sobrejetora se e somente se $dim(T(V)) = dim(W)$, preserva a dimensão do contra-domínio
- T é injetora se e somente se preserva conjuntos LI
- T é injetora se e somente se $Ker(T) = \{0\}$, núcleo trivial
- Se $dim(V) > dim(W)$, então T não pode ser injetora, não é possível espremer um espaço grande em um pequeno sem perder dimensões
- Se $dim(V) < dim(W)$, então T não pode ser sobrejetora, não é possível um espaço menor cobrir e sobrepor outro maior

4.3 Bijeção e isomorfismo

Nesta seção falaremos de um dos resultados mais importantes nesta disciplina, o que justificará o fato de tratarmos quase sempre de vetores canônicos.

Definição 4.23. Seja $f : A \to B$ uma função. Dizemos que f é uma **bijeção** se f é injetora e sobrejetora. Se f preservar um tipo X de estrutura, dizemos que a bijeção f é um **isomorfismo** de X. Se f preservar a estrutura sem necessáriamente ser bijeção, dizemos que f é um **homomorfismo** de X.

Proposição 4.24. Transformações lineares são homomorfismos de espaços vetoriais. Transformações lineares que são bijetoras são isomorfismos de espaços vetoriais

A proposição acima dispensa demonstração, dado que um homomorfismo preserva a estrutura e transformações lineares, por definição, são justamente funções que preservam as operações de soma e multiplicação escalar, que constitui um espaço vetorial.

A justificativa de definirmos desta forma é que isomorfismo preserva a estrutura e o tamanho. Em outras palavras, é como se pudéssemos tratar ambas estruturas como a mesma. Quando existe isomorfismo de estrutura X entre dois conjuntos A, B, dizemos que A e B são isomorfos em relação a X. É o equivalente a dizer que são espaços "praticamente iguais", podendo trabalhar com qualquer um dos dois, se tratando do tipo de estrutura falada. Denotamos como $A \sim B$ quando A é ismomorfo a B. Neste livro, só falaremos de isomorfismo de espaços lineares, então omitiremos com frequência o tipo de estrutura preservada, dado que só estamos tratando de espaços vetoriais neste curso.

Exemplo 4.25. O espaço vetorial dos polinômios de grau menor ou igual a 2, $\mathcal{P}_2(\mathbb{R})$ e o espaço $\mathbb{R}^3$ são isomorfos como espaços vetoriais. Para isso, defina a transformação linear $T(a + bx + cx^2) = (a, b, c)$ e assim, provamos que essa transformação, além de linear, é injetora. Como ambos espaços tem mesma dimensão, então T é bijetora e, logo, um isomorfismo de espaços vetoriais.

Proposição 4.26. Dois espaços vetoriais de dimensão finita não podem ser isomorfos se possuirem dimensões distintas.

Novamente, essa proposição decorre facilmente de que para ser injeção, a dimensão do domínio é carregada para a imagem, para ser sobrejeção, a dimensão da imagem é carregada ao contra-domínio. Logo um isomorfismo, que é também uma bijeção, deve ter $dim(V) = dim(T(V)) = dim(W)$.

Alguns casos que devemos saber decorados:

Exemplo 4.27. O espaço $\mathbb{R}^{n+1}$ é isomorfo ao espaço dos polinômios de grau menor ou igual a n, $\mathcal{P}(\mathbb{R})$. O isomorfismo que garante isto é o trivial, levando a primeira coordenada ao grau zero, segunda coordenada ao grau um e assim por diante. Desta forma um polinômio de grau 5, como $2 + 3x^2 - 2x^5$ pode ser descrito por $(2, 0, 3, 0, 0, -2)$, um elemento com 6 componentes, cada componente representando os graus do polinômio em uma específica ordem.

Exemplo 4.28. O espaço das matrizes $\mathcal{M}_{n\times m}(\mathbb{R})$ é isomorfo ao espaço $\mathbb{R}^{nm}$, onde aqui o isomorfismo é feito contando linha por linha, isto é, $T((a_{ij})) = (linha_1, linha_2, ..., linha_n)$. Contextualizando melhor, uma matriz $\begin{bmatrix} 2 & 1 & 0 \\ 1 & 4 & -1 \end{bmatrix}$ pode ser trabalhada comos se fosse o vetor $(2, 1, 0, 1, 4, -1)$ com 6 componentes.

Agora vamos a um dos resultados mais importantes da disciplina:

Teorema 4.29. Seja V um espaço vetorial de dimensão $n \in \mathbb{N}$ sobre $\mathbb{R}$. Então V é isomorfo a $\mathbb{R}^n$.

Demonstração. Se V tem dimensão n, então existe base de V dada por $B_V = \{v_1, ..., v_n\}$. Seja $\{e_1, ..., e_n\}$ a base canônica de $\mathbb{R}^n$. Defina a transformação natural entre estas bases, isto é, $T(v_i) = e_i$ para cada $i = 1, 2, ..., n$, alem de $T(v_i + v_j) = T(v_i) + T(v_j)$ sempre que $i \neq j$ e também $T(\alpha v_i) = \alpha T(v_i)$.

(i) T é função:
Pois se $v \in V$, então $v = \sum_{i=1}^n \alpha_i v_i$ e portanto: $T(v) = \sum_{i=1}^n \alpha_i T(v_i) = \sum_{i=1}^n \alpha_i e_i$, assim para cada elemento do domínio, T atribui um único no contradomínio

(ii) T é linear:
Sejam $v = \sum_{i=1}^n \alpha_i v_i$ e $u = \sum_{i=1}^n \beta_i v_i$, assim temos que $T(\lambda v + \gamma u) = T(\sum_{i=1}^n \lambda\alpha_i v_i + \sum_{i=1}^n \gamma\beta_i v_i) = T(\sum_{i=1}^n (\lambda\alpha_i + \gamma\beta_i) v_i) = \sum_{i=1}^n (\lambda\alpha_i + \gamma\beta_i) T(v_i) = \sum_{i=1}^n (\lambda\alpha_i + \gamma\beta_i) e_i = \sum_{i=1}^n \lambda\alpha_i e_i + \sum_{i=1}^n \gamma\beta_i e_i = \lambda \sum_{i=1}^n \alpha_i e_i + \gamma \sum_{i=1}^n \beta_i e_i = \lambda T(v) + \gamma T(u)$

(iii) T é injetora:
Seja $v \in V$ tal que $T(v) = 0$, então precisamente temos que $T(\sum_{i=1}^n \alpha_i v_i) = \sum_{i=1}^n \alpha_i T(v_i) = \sum_{i=1}^n \alpha_i e_i = 0$, mas os e_i são LI, fazendo com que seja zero somente se todos os α_i sejam zero. Neste caso, $v = 0$. Assim, $Nuc(T) = \{0\}$ e T é injetora.

(iv) T é bijetora, pois ambos espaços possuem mesma dimensão, assim T é também sobrejetora. □

O resultado acima nos diz: "Se dois espaços tem a mesma dimensão, então são praticamente iguais."Lembrando que isso vale somente neste curso onde tratamos de dimensão finita. Infelizmente não ocorre o mesmo em dimensão infinita.

Quando dizemos que são praticamente iguais, queremos dizer que qualquer calculo que for feito nas operações do espaço em um caso, tem seu equivalente em outro espaço. Digamos que você não goste de trabalhar com polinômios de grau até 4. Simples, transforme em $\mathbb{R}^5$ e faça as contas la. Na resposta você traz de volta aos polinômios. O mesmo vale em matrizes. Está ruim trabalhar com uma matriz 3×5 com operações não usuais? Transforme em $\mathbb{R}^{15}$ com operações usuais e pronto.

E assim, também, se você tiver um espaço vetorial com operações "ruins", você pode simplesmente transformar esse espaço no canônico, calcular no canônico, e depois destransformar ao original.

Exemplo 4.30. O espaço $\mathbb{R}^6$ pode ser visto como o espaço $\mathcal{P}_5(\mathbb{R})$, ou até mesmo o espaço $\mathcal{M}_{2\times3}(\mathbb{R})$, todos sobre os reais, pois são todos isomorfos, devido ao fato de que possuem a mesma dimensão.

4.4 Matrizes e transformações lineares

Nesta subseção nosso objetivo será conectar a teoria de matrizes ao que vimos até agora sobre espaços vetoriais e transformações lineares.

Proposição 4.31. Seja $T : \mathbb{R}^n \to \mathbb{R}^m$ uma função e $x = (x_1, x_2, ..., x_n) \in \mathbb{R}^n$. Então T é transformação linear se e somente se $T(x) = (T_1(x), T_2(x), ..., T_m(x))$ onde cada $T_i : \mathbb{R}^n \to \mathbb{R}$ é uma transformação linear. Em outras palavras, uma transformação é linear se e somente se cada uma de suas componentes é combinação linear.

Demonstração. $(\Rightarrow)$
Por absurdo, suponha que possa ocorrer T linear mas T_i não é linear em algum i. Então $T_i(\alpha x + \beta y) \neq \alpha T_i(x) + \beta T_i(y)$ para algum $x, y \in \mathbb{R}^n$ e α, β escalares. Assim sendo, não ocorre que $T_i(\alpha x + \beta y) = \alpha T_i(x) + \beta T_i(y)$ para todo i e quaisquer vetores. Como $T(x) = (T_i(x))_{i=1,...,m}$, T falha na propriedade de linearidade que tinhamos por hipótese, absurdo. Então se T é linear, suas componentes também o são.

$(\Leftarrow)$
Se cada componente é linear, ocorrem $T_i(\lambda x) = \lambda T_i(x)$ e $T_i(x + y) = T_i(x) + T_i(y)$ para quaisquer x, y vetores, qualquer λ escalar e qualquer $i = 1, 2, ..., m$. Assim sendo:

$$\begin{aligned} T(\lambda x) &= (T_1(\lambda x), T_2(\lambda x), ..., T_m(\lambda x)) = (\lambda T_1(x), \lambda T_2(x), ..., \lambda T_m(x)) = \\ &= \lambda(T_1(x), T_2(x), ..., T_m(x)) = \lambda T(x) \end{aligned}$$

e também

$$\begin{aligned} T(x + y) &= (T_1(x + y), T_2(x + y), ..., T_m(x + y)) = \\ &= (T_1(x) + T_1(y), T_2(x) + T_2(y), ..., T_m(x) + T_m(y)) = \\ &= (T_1(x), T_2(x), ..., T_m(x)) + (T_1(y), T_2(y), ..., T_m(y)) = \\ &= T(x) + T(y) \end{aligned}$$

Assim, T deve ser linear se cada componente o for. □

E agora, um outro teorema fundamental desta disciplina:

Teorema 4.32. (Teorema fundamental da álgebra linear)
Sejam V, W espaços vetoriais sobre mesmo corpo tais que $dim(V) = n$, $dim(W) = m$, ambos de dimensão finita. Nestas condições, uma função $T : V \to W$ é uma transformação linear se e somente se existir uma matriz $[T]_{m\times n}$ de modo que $T(u) = ([T]u^t)^t$ para todo vetor $u \in V$. Nestas condições chamamos de $[T]$ a matriz associada, ou que representa, a transformação T.

Demonstração. Pelo teorema do isomorfismo entre espaços de dimensão finita, podemos tratar V como sendo $\mathbb{R}^n$ e W como sendo $\mathbb{R}^m$. Assim, seja um $u = (u_1, ., , u_n) \in \mathbb{R}^n$, portanto $T(u) = (T_1(u), ..., T_m(u)) \in \mathbb{R}^m$, pela proposição imediatamente anterior.

Assim, existem escalares α_{ij} de modo que $T_i(u) = \sum_{j=1}^n \alpha_{ij}u_j$. Agora, basta notar que esta soma é o equivalente a multiplicar a matriz linha $a_{ij} = (\alpha_{ij})_{j=1,...,n}$ com i fixado, pela matriz coluna u^t.

Compondo linha após linha, temos uma matriz composta pelos α_{ij}, chamada $[T] = (\alpha_{ij})$, onde $i = 1, ..., m$ linhas e $j = 1, ., , n$ colunas.

Agora, fazendo a multiplicação $[T]u^t$, teremos exatamente o que vimos acima, cada componente sendo a combinação linear dada pela transformação T. Assim, sendo, uma matriz representa uma transformação linear e vice versa. □

O teorema acima nos traz uma ferramenta poderosíssima, nos garantindo que enquanto estivermos em dimensão finita, toda transformação linear pode ser tratada como uma matriz, e sua ordem será dada pela dimensão dos espaços. Como consequência, temos:

Corolário 4.33. Se T, P são transformações lineares entre espaços de dimensão finita de maneira que a composta $T \circ P$ está bem definida, então ocorre que $T(P(v)) = ([T][P]v^t)^t$, onde o termo à direita é uma simples multiplicação de matrizes.

Assim, podemos, por exemplo fazer algumas compostas de maneira mais simples.

Exemplo 4.34. Seja $T : \mathbb{R}^2 \to \mathbb{R}^3$ e $P : \mathbb{R}^3 \to \mathbb{R}^2$ dados por $T(x, y) = (x+y, x-y, x)$ e $P(x, y, z) = (x+y+z, x-y)$. Descreva as matrizes $[T], [P]$ e a composta $[T \circ P]$.

Escrevemos $T(x, y) = (x+y, x-y, x) = \begin{bmatrix} x+y \\ x-y \\ x \end{bmatrix}^t = \left(\begin{bmatrix} 1 & 1 \\ 1 & -1 \\ 1 & 0 \end{bmatrix} \begin{bmatrix} x \\ y \end{bmatrix} \right)^t$, assim vemos que $[T] = \begin{bmatrix} 1 & 1 \\ 1 & -1 \\ 1 & 0 \end{bmatrix}$. Fazendo o mesmo com P, obtemos $P(x, y, z) = (x+y+z, x-y) = \begin{bmatrix} x+y+z \\ x-y \end{bmatrix}^t = \left(\begin{bmatrix} 1 & 1 & 1 \\ 1 & -1 & 0 \end{bmatrix} \begin{bmatrix} x \\ y \\ z \end{bmatrix} \right)^t$, assim $[P] = \begin{bmatrix} 1 & 1 & 1 \\ 1 & -1 & 0 \end{bmatrix}$.

Assim sendo, a composta $T \circ P$ é descrita pela multiplicação de matrizes $[T \circ P] = \begin{bmatrix} 1 & 1 \\ 1 & -1 \\ 1 & 0 \end{bmatrix} \begin{bmatrix} 1 & 1 & 1 \\ 1 & -1 & 0 \end{bmatrix}$

Proposição 4.35. Se T, P são bijetoras, então $T \circ P$ é bijetora, se a composta existir. O mesmo vale para isomorfismo e para transformação linear.

Demonstração. Deixado como exercício. □

Um resultado importantíssimo acerca de transformações lineares e matrizes é o que se segue:

Teorema 4.36. Seja $T : V \to W$ uma transformação linear e V, W espaços vetoriais de dimensão finita. Então $dim(Nuc(T)) = nul[T]$.

Demonstração. Queremos checar $Nuc(T)$ e isto equivale a checar quando $[T]u^t = 0$. Escalonando o sistema $[T \mid 0]$ podemos concluir que ou existirão linhas nulas, ou não existirão. Vamos lembrar que $nul[T] = colunas(T) - posto(T)$ e que a ordem da matriz $[T]_{n\times m}$ é dado por $dim(V) = m$ e $dim(W) = n$.

Assim sendo, $nul[T] = m - posto(T)$. Suponha que exista k linhas não-nulas após o escalonamento de $[T \mid 0]$. Neste caso, $nul[T] = m-k$. Como há m variáveis mas somente k linhas independentes, existem então $m - k$ variáveis livres, dependentes das demais. Isolando a solução na forma vetorial, teremos $m-k$ elementos LI, o que nos conclui que $dim(Nuc(T)) = nul[T] = m-k$. □

Corolário 4.37. (**Teorema do núcleo e da Imagem**)
Sabemos, dada $[T]_{n\times m}$ matriz, que $nul[T] + posto[T] = colunas[T]$, da teoria de matrizes. Como $[T]$ representa a transformação linear $T : V \to W$ com $dim(V) = m$ e $dim(W) = n$, vale a versão não matricial:

$$dim(Nuc(T)) + dim(Img(T)) = dim(V)$$

pois $colunas[T] = dim(V)$.

Além disso, $dim(Img(T)) = posto[T]$.

Corolário 4.38. $T : \mathbb{R}^n \to \mathbb{R}^m$ é injetora $\iff nul[T] = 0$.

No caso de $n = m$, T é transformação linear inversível, isomorfismo, $\iff nul[T] = 0$.

4.5 Exercícios

Exercício 4.39. Verifique quais funções a seguir são transformações lineares (espaços sobre os reais).

(a) $T(x, y) = xy$ (b) $T(x, y) = (y, x)$ (c) $T(x, y, z) = x + y + z$

(c) $T(a + bx) = (a + b, a - b)$ (d) $T\begin{bmatrix} x & y \\ z & w \end{bmatrix} = (x, y, z)$

(e) $T(x) = (x, 2x, 3x)$ (f) $T(x, y, z) = (0, x, y^2)$

(g) $T(x, y, z, w) = (x, y, w)$

Exercício 4.40. Em cada caso do exercício anterior em que a função é transformação linear, diga se é também um isomorfismo.

Exercício 4.41. Uma função $T : \mathbb{R}^2 \to \mathbb{R}^2$ recebe um elemento (x, y) e inverte o sinal da primeira coordenada, trazendo como imagem $(-x, y)$. Essa função é chamada **reflexão de eixo vertical**. Verifique se ela é uma transformação linear bijetiva.

Exercício 4.42. A função que rotaciona um ponto (x, y) no plano em θ graus, no sentido anti-horário, pode ser dada multiplicando a matriz a seguir pelo elemento $(x, y)^t$:

$$R_\theta = \begin{bmatrix} cos(\theta) & -sen(\theta) \\ sen(\theta) & cos(\theta) \end{bmatrix}$$

A matriz acima é chamada de **matriz de rotação**. Verifique que é uma transformação linear e cheque se é um isomorfismo.

Exercício 4.43. Sejam $T(x, y) = (x + y, x)$ e $P(x, y) = (y, x - y)$ transformações lineares. Encontre a transformação linear dada por TPT^{-1}.

Exercício 4.44. Encontre a transformação linear $T : \mathbb{R}^3 \to \mathbb{R}^3$ tal que $T(2, 0, 0) = (2, 4, 0)$, $T(1, 1, 0) = (1, 2, 3)$ e $T(1, 0, 1) = (1, 4, 0)$.

Exercício 4.45. Uma transformação linear entre espaços vetoriais de dimensões distintas finitas pode ser invertível? Prove ou de contra-exemplo.

Exercício 4.46. Encontre alguma transformação linear idempotente em $\mathbb{R}^2$, isto é, uma transformação tal que $T(T(x, y)) = (x, y)$, ou ainda, $[T]^2 = I$, sem que T seja a identidade..

5 Produtos, normas e diagonalização

5.1 Espaços normados

Definição 5.1. Seja V um espaço vetorial. Definimos uma **norma** como uma função $\| \ . \ \| : V \to \mathbb{R}$ que tem as propriedades a seguir, quaisquer $u, v \in V$ e $\lambda \in F$ escalar:

(i) $\|u\| \geq 0$

(ii) $\|u\| = 0 \iff u = 0$

(iii) $\|\lambda u| = |\lambda| \|u\|$

(iv) $\|u + v\| \leq \|u\| + \|v\|$

A propriedade (iv) acima é chamada de **desigualdade triangular**.

Note que uma norma é uma função que descreve o "tamanho" de um vetor. Claramente não há um unico modo de descrever o tamanho de um vetor, mas há, em dimensão finita, uma escolha canônica, seguindo o modelo de pitágoras.

Exemplo 5.2. Seja um vetor $u \in V$ de modo que tenha $\|u\| = 2$. Nessas condições, podemos inferir que $\|10u\| = 10\|u\| = 20$.

Exemplo 5.3. Um exemplo de norma não canônica é a norma do módulo máximo: $\| \ . \ \| : \mathbb{R}^3 \to \mathbb{R}$, tal que $\|(x, y, z)\| = Max\{|x|, |y|, |z|\}$. Perceba que cada propriedade se satisfaz e a propriedade (iv) decorre de os reais satisfazerem também essa desigualdade.

Definição 5.4. Seja o espaço vetorial $\mathbb{R}^n$ usual. Definimos a norma canônica desse espaço por $\|(x_i)\| = \sqrt{\sum_{i=1}^{n} x_i^2}$. Note que isso é equivalente a pitágoras em duas dimensões:

Em $\mathbb{R}^2$: $\|(x, y)\| = \sqrt{x^2 + y^2}$

Em $\mathbb{R}^3$: $\|(x, y, z)\| = \sqrt{x^2 + y^2 + z^2}$

Em $\mathbb{R}^4$: $\|(x, y, z, w)\| = \sqrt{x^2 + y^2 + z^2 + w^2}$

Além disso, se $\|u\| = 1$ dizemos que u é um vetor **unitário**.

Para cada vetor $u \neq 0$, dizemos que $\hat{u} = \frac{u}{\|u\|}$ é sua versão **normalizada**.

Proposição 5.5. Se $\| \ . \ \| : V \to \mathbb{R}$ é uma norma, então $\|u\| = \| - u\|$ para todo $u \in V$.

Demonstração. Deixado como exercício. □

Proposição 5.6. Em um espaço vetorial vale a desigualdade triangular reversa, isto é, quaisquer $u, v \in V$ espaço vetorial:

$$\|u - v\| \geq |\|u\| - \|v\||$$

Demonstração. Pela desigualdade triangular valem:

$$\|u\| = \|u - v + v\| \leq \|u - v\| + \|v\| \Rightarrow \|u\| - \|v\| \leq \|u - v\|$$

$$\|v\| = \|v - u + u\| \leq \|v - u\| + \|u\| \Rightarrow \|v\| - \|u\| \leq \|v - u\|$$

Na segunda linha, usamos o fato $\|u - v\| = \|v - u\|$ e que $\|u\| - \|v\| = -(\|u\| - \|v\|)$.
Assim $\|v\| - \|u\| \leq \|v - u\| \Rightarrow \|u\| - \|v\| \geq -\|u - v\|$

Ocorre então

$$-\|u - v\| \leq \|u\| - \|v\| \leq \|u - v\|$$

O que conclui

$$\|u - v\| \geq |\|u\| - \|v\||$$

□

Sempre que denotarmos uma norma, neste curso, sem especificar como ela é, assumiremos que ela é a canônica, a menos que seja mencionado contrário.

5.2 Produto interno

Definição 5.7. Seja V um espaço vetorial sobre $\mathbb{R}$ ou $\mathbb{C}$. Definimos como **produto interno** qualquer função $\langle \cdot , \cdot \rangle : V \times V \to F$, onde $F = \mathbb{R}$ ou $F = \mathbb{C}$ com as propriedades a seguir, quaisquer sejam $u, v, w \in V$ e α, β escalares:

(i) $\langle u, v\rangle = \overline{\langle v, u\rangle}$ se o espaço vetorial for sobre $\mathbb{C}$ (Simetria de conjugado)

(i.a)$\langle u, v\rangle = \langle v, u\rangle$ se o espaço vetorial for sobre $\mathbb{R}$ (Comutativa real)

(ii) $\langle \alpha u + \beta v, w\rangle = \alpha\langle u, w\rangle + \beta\langle v, w\rangle$ (Linearidade no primeiro argumento)

(iii) $\langle u, u\rangle > 0$ se $u \neq 0$ (Positividade)

Neste curso usaremos somente o caso sobre $\mathbb{R}$ para que seja possível trabalharmos adequadamente com ângulos e os tópicos introdutórios da teoria.

Exemplo 5.8. Em $\mathbb{R}^2$ um exemplo de produto interno seria $\langle (x, y), (a, b)\rangle = 2xa + 3yb$. Neste caso teriamos, por exemplo $\langle (1, 2), (3, 4)\rangle = 6 + 24 = 30$.

Proposição 5.9. Seja V um espaço vetorial com um produto interno $\langle \cdot , \cdot \rangle : V \times V \to \mathbb{R}$. Então qualquer $u \in V$ vale $\langle u, 0\rangle = \langle 0, u\rangle = 0$.

Demonstração. Basta notar que $\langle 0, u\rangle = \langle 0u, u\rangle = 0\langle u, u\rangle = 0$ □

Definição 5.10. O produto interno canônico em $\mathbb{R}^n$ é dado multiplicando componente a componente, isto é:

$$(x_i) \cdot (y_i) = (x_i y_i)$$

Note que usamos o ponto $\cdot$ para especificar que o produto interno é o canônico, chamado de **produto escalar**.

Em $\mathbb{R}^2$ temos: $(a, b) \cdot (c, d) = ac + bd$

Em $\mathbb{R}^3$ temos: $(a, b, c) \cdot (d, e, f) = ad + be + cf$

Observação 5.11. Note que embora chamemos de produto, não são todas as propriedades de uma multiplicação que existem aqui.
Por exemplo $(1, 0)\cdot(0, 1) = 0 + 0 = 0$, resultando em zero mesmo sem nenhum dos vetores serem o nulo. Além disso, a propriedade de inversão não existe aqui, como seria em $3x = 9 \Rightarrow x = 9.3^{-1}$.

Definição 5.12. Definimos como **ângulo entre os vetores** $u, v \in V$ não nulos em um espaço vetorial sobre $\mathbb{R}$ com produto interno como sendo o $\theta_{u,v} \in [0, \pi]$ que satisfaz:

$$\langle u, v\rangle = ||u||.||v||cos(\theta_{u,v})$$

onde a norma é dada pelo produto interno $||x||^2 = \langle x, x\rangle$. Note que tal θ precisaria, oficialmente, ser provado que existe, algo que não faremos aqui, mas note aqui a importância de $\langle u, v\rangle$ ser número real.

Precisamos antes checar que cada produto interno gera uma norma para a definição acima fazer sentido. Para isso usaremos uma desigualdade famosa:

Teorema 5.13. (Desigualdade de Cauchy Schwarz) Se V é um espaço vetorial com produto interno, então quaisquer $u, v \in V$ vale:

$$\langle u, v\rangle \leq ||u||.||v||$$

onde $||u||^2 = \langle u, u\rangle$ e $||v||^2 = \langle v, v\rangle$

Demonstração. Basta notar que $|\langle u, v\rangle| = ||u||.||v||.|cos(\theta_{u,v})| \leq ||u||.||v||$ □

Proposição 5.14. Se V é um espaço vetorial com produto interno, então a função $||u|| = \sqrt{\langle u, u\rangle}$ define uma norma, chamada de **norma induzida pelo produto interno**.

Demonstração. Vamos checar as quatro condições de norma:

(i) $||u|| = \sqrt{\langle u, u\rangle} \geq 0$ pois $\langle u, u\rangle > 0$ sempre que $u \neq 0$

(ii) $||u|| = 0 \iff \langle u, u\rangle = 0 \iff u = 0$

(iii) $||\lambda u|| = \sqrt{\langle \lambda u, \lambda u\rangle} = \sqrt{\lambda\overline{\lambda}\langle u, u\rangle} = \sqrt{|\lambda|^2\langle u, u\rangle} = |\lambda|\sqrt{\langle u, u\rangle} = |\lambda|||u||$

(iv)

$$\begin{aligned}||u + v||^2 &= \langle u + v, u + v\rangle = \langle u, u\rangle + \langle u, v\rangle + \langle v, u\rangle + \langle v, v\rangle \\ &= ||u||^2 + ||v||^2 + 2Re\langle u, v\rangle \leq ||u||^2 + ||v||^2 + 2|\langle u, v\rangle| \\ &= ||u||^2 + ||v||^2 + 2||u||.||v|| = (||u|| + ||v||)^2\end{aligned}$$

□

Exemplo 5.15. Sejam os vetores $(1, 1)$ e $(-1, 1)$ com o produto interno usual, o produto escalar. Então $||(1, 1)|| = \sqrt{1^2 + 1^2} = \sqrt{2}$ e $||(-1, 1)|| = \sqrt{(-1)^2 + 1^2} = \sqrt{2}$, bem como $u \cdot v = 0$.

Assim, $u \cdot v = ||u||.||v||cos(\theta)$ se torna $0 = 2cos(\theta)$ e portanto $\theta = \frac{\pi}{2}$, o famoso 90°.

Proposição 5.16. Se $u, v \in V$ são vetores não nulos e $\langle u, v\rangle = 0$ então $\theta_{u,v} = \frac{\pi}{2}$ e dizemos que u, v são vetores **ortogonais**. Ou que u é **ortogonal** a v.

Demonstração. Basta substituir na equação que define $\theta_{u,v}$. □

Note que o ângulo entre dois vetores é definido a partir do produto estabelecido. Com o produto escalar, que é o usual, temos a norma usual e os ângulos comuns que conhecemos. Se tivermos um produto interno distinto, teremos uma norma diferente e um jeito diferente de medir ângulos.

Definição 5.17. Definimos uma reta em $\mathbb{R}^n$ como a imagem da função $r(t) = P+ut$ onde $P \in \mathbb{R}^n$ é um ponto por onde a reta passa e $u \in \mathbb{R}^n$ indica a direção da reta, chamado de **vetor diretor**, com $t \in \mathbb{R}$ chamado de **parâmetro livre**.

Definimos um plano em $\mathbb{R}^n$ como a imagem da função $\pi(s,t) = P+us+vt$ onde $P \in \mathbb{R}^n$ é um ponto do plano e $u, v \in \mathbb{R}^n$ indicam duas direções do plano, sendo **vetores diretores**, com com $s, t \in \mathbb{R}$ chamados de **parâmetros livres**.

As equações acima são chamadas de **equações vetoriais**, havendo também as **equações paramétricas** de ambos os casos. Por exemplo, dada a reta $r(t) = (a, b, c) + t(u_1, u_2, u_3)$, temos a equação paramétrica como:

$$r(t) = \begin{cases} x &= a + u_1 t \\ y &= b + u_2 t \\ z &= c + u_3 t \end{cases}$$

Assim como dado o plano, por exemplo, $\pi(t) = (a, b, c) + s(u_1, u_2, u_3) + t(v_1, v_2, v_3)$, temos a equação paramétrica como:

$$r(t) = \begin{cases} x &= a + u_1 s + v_1 t \\ y &= b + u_2 s + v_2 t \\ z &= c + u_3 s + v_3 t \end{cases}$$

Observação 5.18. Note que em $\mathbb{R}^2$ a equação da reta pode ser reduzida como vimos nas primeiras seções e em $\mathbb{R}^3$ a equação de um plano pode ser simplificada a $ax + by + cz = d$.

Além disso, podemos dizer que duas retas que se encontram são ortogonais se seus vetores diretores forem ortogonais, assim como podemos dizer que uma reta é ortogonal a um plano se o vetor diretor da reta é ortogonal a ambos os vetores diretores do plano.

Exemplo 5.19. Seja a reta $r(t) = (1,0,1) + (1,1,1)t$ e o plano $\pi(s,t) = (1,1,1) + (1,-1,0)s + (1,0,1)t$. Note que $(1,1,1) \cdot (1,-1,0) = 0$ mas $(1,1,1) \cdot (1,0,1) \neq 0$, portanto esta reta não é ortogonal ao plano.

Proposição 5.20. Dois pontos $A, B \in \mathbb{R}^n$ definem uma única reta e três pontos $A, B, C \in \mathbb{R}^n$ determinam um único plano.

Demonstração. Note que se definirmos como vetor diretor da reta $u = B - A$ teremos: $r(t) = A + ut = A + (B - A)t$, onde $r(0) = A$ e $r(1) = B$, uma função afim que passa pelos dois pontos dados, sendo portanto uma reta.

Analogamente, definimos vetores diretores $v = B - A$ e $w = C - A$ e assim $\pi(s,t) = A + vs + wt$, ocorrendo $\pi(0,0) = A$, $\pi(1,0) = B$ e $\pi(0,1) = C$ sendo uma função afim de duas variáveis, portanto um plano.

A unicidade é deixada como exercício ao leitor. □

Exemplo 5.21. Vamos checar de $(1,2,3)$, $(1,1,1)$ e $(1,0,-1)$ estão alinhados numa mesma reta.
Se considerarmos os dois primeiros pontos, temos o vetor diretor $(0,1,2)$, se considerarmos os ultimos dois pontos temos de vetor diretor $(0,-1,-2)$. Note que uma única reta pode ser descrita de infinitas formas diferentes, mesmo sendo a mesma definida. Neste caso os vetores diretores indicam a mesma direção, pois um é multiplo de outro: $(0,1,2) = -1(0,-1,-2)$.

Observação 5.22. Uma única reta possui infinitas representações possíveis, mas todo vetor diretor será multiplo entre si: Se u, v são vetores diretores de uma mesma reta num mesmo espaço, então sempre existe escalar $\lambda \in \mathbb{R}$ não nulo de modo que $u = \lambda v$.

O mesmo ocorre com um plano, sendo mais difícil verificar. Neste caso, a condição é: Seja $\pi(s,t) = P + us + vt$ um plano com vetores diretores u, v. Qualquer outro vetor diretor possível para esse mesmo plano deve ser combinação linear de u, v.

5.3 Ortonormalização de Gram-Schmidt

Vamos falar nesta seção de um processo de particular importância na álgebra linear, que é o processo de **Gram-Schmidt** capaz de transformar uma base qualquer em uma base ortonormal, em qualquer produto interno estipulado.

Antes disso, precisamos de um conceito importante.

Definição 5.23. Sejam $u, v \in V$ vetores não nulos em um espaço vetorial com produto interno. Definimos a projeção do vetor u sobre o vetor v como:

$$proj_v(u) = \frac{\langle u, v\rangle}{\langle v, v\rangle} v$$

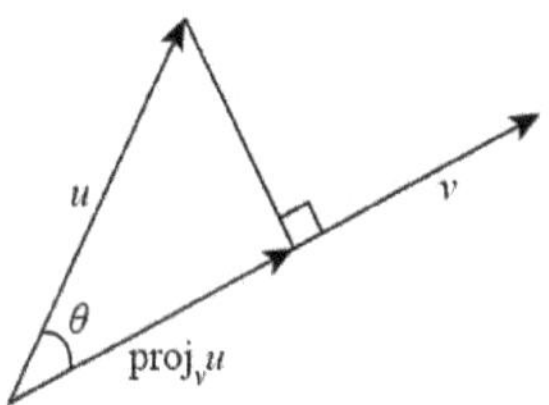

A definição da projeção, normalmente chamada de **projeção ortogonal**, pode parecer meio confusa à primeira vista, mas ela assim o é para que haja justamente um único vetor $ort_v(u)$ de maneira que o vetor u foi decomposto em $proj_v(u) + ort_v(u) = u$ de maneira que $\langle proj_v(u), ort_v(u)\rangle = 0$.

Exemplo 5.24. Calcular $proj_v(u)$ e $ort_v(u)$ dados os vetores $u = (3, 4)$ e $v = (4, 3)$ e o produto interno usual.
Note que $u \cdot v = 12+12 = 24$, $||u|| = ||v|| = 5$ e $v \cdot v = 25$. então $proj_v(u) = \frac{24}{25} v$. Assim, $ort_v(u) = (x, y)$ de modo que $proj_v(u) + ort_v(u) = u$. Então $ort_v(u) = (x, y) = u - proj_v(u) = \frac{1}{25}(75, 100) - \frac{1}{25}(96, 72) = \frac{1}{25}(-21, 28)$.

Assim: $proj_v(u) \cdot ort_v(u) = \frac{1}{25}(96, 72) \cdot \frac{1}{25}(-21, 28) = \frac{1}{25^2}(-2016+2016) = 0$, são ortogonais.

Proposição 5.25. Se $u, v \in V$ vetores não nulos de um espaço vetorial com produto interno, então vale

$$||proj_v(u)||^2 = \langle proj_v(u), proj_v(u)\rangle = \langle u, proj_v(u)\rangle$$

Demonstração. Note que $||proj_v(u)||^2 = \langle proj_v(u), proj_v(u)\rangle$ já é garantido por a norma ser dada em função do produto interno.

Assim, $\langle proj_v(u), proj_v(u)\rangle = \left\langle \frac{\langle u,v\rangle}{\langle v,v\rangle} v, \frac{\langle u,v\rangle}{\langle v,v\rangle} v \right\rangle = \frac{||u||^2 ||v||^2 cos^2(\theta)}{||v||^4} \langle v, v\rangle$ e então temos $||proj_v(u)||^2 = ||u||^2 cos^2(\theta)$.

De maneira análoga, temos $\langle u, proj_v(u)\rangle = \frac{\langle u,v\rangle}{\langle v,v\rangle}\langle u, v\rangle = \frac{\|u\|^2\|v\|^2cos^2(\theta)}{\|v\|^2}$, que resulta no mesmo, sendo, portanto, iguais. □

Proposição 5.26. Sejam $u, v \in V$ vetores não nulos em um espaço vetorial com produto interno. Então o vetor $ort_v(u) = u - proj_v(u)$ é ortogonal a $proj_v(u)$ e vale que $u = proj_v(u) + ort_v(u)$.

Demonstração. Vamos checar a ortogonalidade:

$$\begin{aligned}\langle ort_v(u), proj_v(u)\rangle &= \langle u - proj_v(u), proj_v(u)\rangle \\ &= \langle u, proj_v(u)\rangle - \langle proj_v(u), proj_v(u)\rangle \\ &= \langle u, proj_v(u)\rangle - \langle u, proj_v(u)\rangle \\ &= 0\end{aligned}$$

□

Teorema 5.27. Seja $\{v_1, ..., v_n\}$ uma base para V espaço de dimensão finita. Então definimos o processo de **Ortogonalização de Gram-Schmidt** como a seguir:

$$u_1 = v_1 \quad ; \quad u_2 = v_2 - proj_{u_1}(v_2)$$

$$u_3 = v_3 - proj_{u_1}(v_3) - proj_{u_2}(v_3)$$

e sucessivamente

$$u_k = v_k - \sum_{i=1}^{k-1} proj_{u_i}(v_k)$$

Assim, o conjunto $\{u_1, ..., u_n\}$ é, além de base para V, também é uma **base ortogonal**, isto é, $\langle u_i, u_j\rangle = 0$ se $i \neq j$.

Exemplo 5.28. Seja $\{(1, 2), (2, 2)\}$ uma base. Iniciando o processo, temos $u_1 = v_1 = (1, 2)$. Aí calculamos $proj_{u_1}(v_2) = proj_{(1,2)}(2, 2) = \frac{(1,2)\cdot(2,2)}{(1,2)\cdot(1,2)}v_1 = \frac{6}{5}(1, 2) = \left(\frac{6}{5}, \frac{12}{5}\right)$. Então $u_2 = v_2 - proj_{u_1}(v_2) = (2, 2) - \left(\frac{6}{5}, \frac{12}{5}\right) = \left(\frac{4}{5}, \frac{-2}{5}\right)$. Note que se dividirmos os vetores por suas respectivas normas, teremos vetores ortogonais e unitários.

Exemplo 5.29. Ortogonalizar a base $\left\{\begin{bmatrix}1 & 1\\ 1 & 0\end{bmatrix}, \begin{bmatrix}1 & 1\\ 0 & 1\end{bmatrix}, \begin{bmatrix}1 & 0\\ 1 & 1\end{bmatrix}\right\}$.

Vamos, primeiramente, tratar como em $\mathbb{R}^4$: $\{(1, 1, 1, 0), (1, 1, 0, 1), (1, 0, 1, 1)\}$. Tomamos $u_1 = v_1 = (1, 1, 1, 0)$ e assim $proj_{u_1}(v_2) = proj_{(1,1,1,0)}(1, 1, 0, 1) = \frac{(1,1,1,0)\cdot(1,1,0,1)}{(1,1,1,0)\cdot(1,1,1,0)}u_1 = \frac{2}{3}u_1$.

Portanto $u_2 = v_2 - proj_{u_1}(v_2) = (1,1,0,1) - \frac{2}{3}(1,1,1,0) = \frac{1}{3}(1,1,-2,3)$. Calculamos agora as próximas projeções: $proj_{u_1}(v_3) = proj_{(1,1,1,0)}(1,0,1,1) = \frac{(1,1,1,0)\cdot(1,0,1,1)}{(1,1,1,0)\cdot(1,1,1,0)}u_1 = \frac{2}{3}u_1$ e também temos $proj_{u_2}(v_3) = proj_{\frac{1}{3}(1,1,-2,3)}(1,0,1,1) = \frac{\frac{1}{3}(1,1,-2,3)\cdot(1,0,1,1)}{\frac{1}{3}(1,1,-2,3)\cdot\frac{1}{3}(1,1,-2,3)}u_2 = \frac{2}{5}u_2$ e assim sendo, calculamos o terceiro vetor ortogonalizado: $u_3 = v_3 - proj_{u_1}(v_3) - proj_{u_1}(v_3)$ ficando

$$\begin{aligned} u_3 &= (1,0,1,1) - \frac{2}{3}(1,1,1,0) - \frac{2}{5}\frac{1}{3}(1,1,-2,3) \\ &= \frac{1}{15}((15,0,15,15) - (10,10,10,0) - (2,2,-4,6)) \\ &= \frac{1}{15}(3,-12,9,9) = \frac{1}{5}(1,-4,3,3) \end{aligned}$$

Claro que, após o processo, reescrevemos no formato do espaço original, isto é: $\left\{\begin{bmatrix}1 & 1\\1 & 0\end{bmatrix}, \frac{1}{3}\begin{bmatrix}1 & 1\\-2 & 3\end{bmatrix}, \frac{1}{5}\begin{bmatrix}1 & -4\\3 & 3\end{bmatrix}\right\}$

Proposição 5.30. Sejam $u, v \in V$ vetores não nulos num espaço com produto interno sobre $\mathbb{R}$. Então valem:

(i) $proj_v(proj_v(u)) = proj_v(u)$

(ii) $proj_v(u) = 0 \iff u$ é ortogonal a v

(iii) $proj_v(\lambda v) = \lambda v$ qualquer $\lambda \in \mathbb{R}$

Demonstração. (iii) Note que $proj_v(\lambda v) = \frac{\langle \lambda v, v\rangle}{\langle v,v\rangle}v = \lambda\frac{\langle v,v\rangle}{\langle v,v\rangle}v = \lambda v$. Assim, note que se tomarmos $\lambda = 1$ temos $proj_v(v) = v$.

(ii) Usando que $u = proj_v(u) + ort_v(u)$, temos então que $u = ort_v(u) \iff proj_v(u) = 0 \iff \langle u, v\rangle = 0 \iff u$ é ortogonal a v.

(i) Usando o item (iii), temos que $proj_v(u) = \lambda v$, onde $\lambda = \frac{\langle u,v\rangle}{\langle v,v\rangle}$. Assim, $proj_v(proj_v(u)) = proj_v(\lambda v) = \lambda v = proj_v(u)$. □

Proposição 5.31. Seja V espaço vetorial sobre $\mathbb{R}$ com produto interno e um $v \in V$ fixado não nulo. A função $proj_v : V \to V$ é uma transformação linear se deixarmos que $proj_v(0) = 0$.

Demonstração. Primeiramente, é fácil ver que $proj_v$ define uma função quando $v \neq 0$ pois $\frac{\langle u,v\rangle}{\langle v,v\rangle}$ existe e está definido.

Sejam agora $u, w \in V$. Então $proj_v(u+w) = \frac{\langle u+w,v\rangle}{\langle v,v\rangle}v = \frac{\langle u,v\rangle}{\langle v,v\rangle}v + \frac{\langle w,v\rangle}{\langle v,v\rangle}v = proj_v(u) + proj_v(w)$, o que conclui a aditividade da função.

Agora, tomando um $\lambda \in \mathbb{R}$, temos $proj_v(\lambda u) = \frac{\langle \lambda u,v\rangle}{\langle v,v\rangle} = \lambda\frac{\langle u,v\rangle}{\langle v,v\rangle} = \lambda proj_v(u)$, o que conclui a segunda e ultima propriedade de uma transformação linear.

Assim, temos que $proj_v$ define uma transformação linear. □

Corolário 5.32. A função $proj_v$ não é injetora em espaços de dimensão maior que 1.

5.4 Produto vetorial e quaternions

Nesta seção falaremos de um outro produto que tem importância forte no estudo de espaços vetoriais. A forma geral de tal produto pode ser interpretada como **produto exterior** ou **produto externo**, em oposição ao produto interno. Não falaremos de tais produtos pois são generalizações que se comunicam pouco com a teoria inicial que estudamos, mas vamos introduzir o conceito de produto vetorial de maneira formal e não somente intuitiva.

Definição 5.33. Assim como o conjunto dos complexos $\mathbb{C}$ forma um espaço vetorial de dimensão 2 sobre os reais, onde tomamos $a+bi = (a, b)$, definimos o conjunto dos **quaternions**, denotando pelo símbolo $\mathbb{H}$, e com as propriedades a seguir:

$$\mathbb{H} = \{a + bi + cj + dk \mid a, b, c, d \in \mathbb{R}\}$$

Com a soma canônica:

$$(a+bi+cj+dk)+(x+yi+zj+wk) = (a+x)+(b+y)i+(c+z)j+(d+w)k$$

Munido de uma multiplicação que respeita as regras:

(i) $h_1(h_2 + h_3) = h_1h_2 + h_1h_3$ quaisquer $h_1, h_2, h_3 \in \mathbb{H}$ (distributiva)

(ii) $i^2 = j^2 = k^2 = -1$ com $i \neq j \neq k$ (unidades imaginárias distintas)

(iii) $ij = k$, $jk = i$, $ki = j$ (conformidade)

(iv) $(ai)(bj) = ab(ij)$, $(aj)(bk) = ab(jk)$, $(ai)(bk) = ab(ik)$ (multiplicação entre imaginários puros)

(v) $h_1(h_2h_3) = (h_1h_2)h_3$ (associatividade / compatibilidade escalar)

Note que um quaternion $a + bi + cj + dk$ pode ser interpretado como um vetor com 4 componentes: (a, b, c, d), sendo portanto que $\mathbb{H}$ forma um espaço vetorial de dimensão 4 sobre os reais.

A partir disso podemos provar algumas coisas sobre os quaternions, que favorecem muito trabalhar com rotações.

Proposição 5.34. As unidades $i, j, k \in \mathbb{H}$ são anticomutativas, ou seja, $ij = -ji$, $jk = -kj$ e $ik = -ik$.

Demonstração. Basta seguirmos da definição $ij = k$ e multiplicarmos à esquerda por i, obtendo $iij = ik$ que resulta em $-j = ik$ e como $j = ki$, temos a tese. Os demais seguém de maneira análoga. □

Note que como não vale a comutatividade, tampouco vale a propriedade do cancelamento: $ik = -ki$ viraria $k = -k$, o que não é verdade. Porém vale quando cancelamos somente reais não nulos: $3(a + bj) = 9 + 3j$ implica $a + bj = 3 + 1j$.

Definição 5.35. Sejam $u = (u_1, u_2, u_3)$ e $v = (v_1, v_2, v_3)$ vetores de $\mathbb{R}^3$, espaço vetorial sobre os reais. Definimos o **produto vetorial** $u \times v$ como o vetor $n = (n_1, n_2, n_3)$ também em $\mathbb{R}^3$ dado por:

$$\begin{aligned}(u_1 i + u_2 j + u_3 k)(v_1 i + v_2 j + v_3 k) &= u_1 v_1 i^2 + u_1 v_2 ij + u_1 v_3 ik + \\ &+ u_2 v_1 ji + u_2 v_2 j^2 + u_2 v_3 jk + \\ &+ u_3 v_1 ki + u_3 v_2 kj + u_3 v_3 k^2 \\ &= -(u \cdot v) + (u_2 v_3 - u_3 v_2)i + \\ &+ (u_3 v_1 - u_1 v_3)j + \\ &+ (u_1 v_2 - u_2 v_1)k \\ &= -(u \cdot v) + n_1 i + n_2 j + n_3 k\end{aligned}$$

Um jeito mais fácil de memorizar este processo é calculando o determinante:

$$det \begin{bmatrix} i & j & k \\ u_1 & u_2 & u_3 \\ v_1 & v_2 & v_3 \end{bmatrix} = (u_2 v_3 - u_3 v_2)i + (u_3 v_1 - u_1 v_3)j + (u_1 v_2 - u_2 v_1)k$$

Exemplo 5.36. Se $u = (1, 1, 1)$ e $v = (1, 0, 1)$ então

$$u \times v = \begin{bmatrix} i & j & k \\ 1 & 1 & 1 \\ 1 & 0 & 1 \end{bmatrix} = 1i + 0j + (-1)k = (1, 0, -1)$$

Note que oficialmente, fizemos a multiplicação do quaternion $1i + 1j + 1k$ pelo quaternion $1i + 0j + 1k$, e com as propriedades envolvidas, simplificamos ao determinante exibido acima.

Proposição 5.37. O produto vetorial é anticomutativo. Isto é, quaisquer $u, v \in V$ vale $u \times v = -v \times u$

Demonstração. Basta comparar ambos os casos:

$$u \times v = det \begin{bmatrix} i & j & k \\ u_1 & u_2 & u_3 \\ v_1 & v_2 & v_3 \end{bmatrix} = (u_2 v_3 - u_3 v_2)i + (u_3 v_1 - u_1 v_3)j + (u_1 v_2 - u_2 v_1)k$$

$$v \times u = det \begin{bmatrix} i & j & k \\ v_1 & v_2 & v_3 \\ u_1 & u_2 & u_3 \end{bmatrix} = (v_2 u_3 - v_3 u_2)i + (v_3 u_1 - v_1 u_3)j + (v_1 u_2 - v_2 u_1)k$$

Assim, ambos são o mesmo vetor, mas com cada coordenada em sinal invertido. □

Observação 5.38. O produdo vetorial **não é associativo**! Isto é, a ordem em que operamos importa e altera o resultado, não valendo $u \times (v \times w) = (u \times v) \times w$ para quaisquer vetores. Basta tomar $u = (1, 0, 1)$, $v = (0, 1, 0)$ e note que $u \times v = (0, 0, 1)$ e $(u \times v) \times v = (-1, 0, 0)$, mas $v \times v = (0, 0, 0)$ e portanto $u \times (v \times v) = (0, 0, 0)$.

Proposição 5.39. Se $u \in V$, então $u \times u = 0$.

Demonstração.

$$u \times u = det \begin{bmatrix} i & j & k \\ u_1 & u_2 & u_3 \\ u_1 & u_2 & u_3 \end{bmatrix} = \underbrace{(u_2u_3 - u_3u_2)}_{=0} i + \underbrace{(u_3u_1 - u_1u_3)}_{=0} j + \underbrace{(u_1u_2 - u_2u_1)}_{=0} k$$

□

A utilidade principal de tal produto é gerar um vetor ortogonal a outros dois pré-estabelecidos. Para isso, vejamos a proposição a seguir:

Proposição 5.40. Se $w = u \times v$ vetores em $\mathbb{R}^3$, então w é ortogonal a ambos u e v, em respeito ao produto escalar.

Demonstração. Tomemos $u = (u_1, u_2, u_3)$ e $v = (v_1, v_2, v_3)$, então

$$v \times u = det \begin{bmatrix} i & j & k \\ v_1 & v_2 & v_3 \\ u_1 & u_2 & u_3 \end{bmatrix} = (v_2u_3 - v_3u_2)i + (v_3u_1 - v_1u_3)j + (v_1u_2 - v_2u_1)k$$

Testando a ortogonalidade com u:

$$\begin{aligned} u \cdot (u \times v) &= u_1(v_2u_3 - v_3u_2) + u_2(v_3u_1 - v_1u_3) + u_3(v_1u_2 - v_2u_1) \\ &= \cancel{u_1v_2u_3} - \cancel{u_1v_3u_2} + \cancel{u_2v_3u_1} - u_2v_1u_3 + u_3v_1u_2 - \cancel{u_3v_2u_1} \quad = 0 \end{aligned}$$

E analogamente com v:

$$\begin{aligned} v \cdot (u \times v) &= v_1(v_2u_3 - v_3u_2) + v_2(v_3u_1 - v_1u_3) + v_3(v_1u_2 - v_2u_1) \\ &= \cancel{v_1v_2u_3} - \cancel{v_1v_3u_2} + v_2v_3u_1 - \cancel{v_2v_1u_3} + \cancel{v_3v_1u_2} - v_3v_2u_1 \quad = 0 \end{aligned}$$

□

Assim, dados dois vetores diretores de um plano, u e v, sabemos então que $n = u \times v$ é ortogonal a ambos vetores diretores e, portanto, ortogonal ao plano. Sendo ortogonal ao plano, será também ortogonal a todos os vetores contidos no plano, considerando que o plano contenha a origem (0,0,0). Tal vetor denotamos por n e dizemos que é um vetor **normal** ao plano.

Exemplo 5.41. Seja π um plano que passa na origem e $n = (1,1,1)$ seu vetor normal (normal ao plano π). Encontre vetores diretores para π.

Vamos tentar um da base canônica: $(1,0,0)\cdot(1,1,1) = 1$, então $(1,0,0)$ não é ortogonal a n, não pode ser um vetor diretor pois não está no plano. Uma tentativa com sinais alternados: $(1,-1,0)\cdot(1,1,1) = 0$, logo $u = (1,-1,0)$ é um possível vetor diretor por ser ortogonal à normal. Um segundo, tomamos $(1,1,-2)\cdot(1,1,1) = 0$, sendo então que $v = (1,1,-2)$ também é ortogonal a n. Lembrando que u, v vetores diretores devem ser linearmente independentes (senão geram só uma reta, não um plano) e ortogonais a n.

Se testarmos os vetores diretores e calcularmos um outro vetor normal a partir deles, o outro vetor normal deve ser sempre um multiplo do primeiro vetor normal:

$$u \times v = det \begin{bmatrix} i & j & k \\ 1 & -1 & 0 \\ 1 & 1 & -2 \end{bmatrix} = 2i + 2j + 2k = (2,2,2) = 2n$$

É importante salientar a importância de considerar tais planos como passando pelo (0,0,0), caso contrário, o "espaço de dimensão 2"que é o plano estará deslocado, assim como todos os vetores que estão nele, quebrando a teoria ao misturar "ponto"com "vetor", "posição"com "direção".

Proposição 5.42. Todo plano π contido em $\mathbb{R}^3$ pode ser descrito por uma equação no formato $ax + by + cz + d = 0$, onde $a, b, c, d \in \mathbb{R}$ são coeficientes. Analogamente, toda equação nessa forma descreve, em $\mathbb{R}^3$, um plano.

Demonstração. Seja $n = (a,b,c)$ o vetor normal a um plano centrado na origem e $u = (x,y,z)$ um vetor qualquer do plano. Assim, o conjunto dos vetores que estão no plano, isto é, ortogonais a n é dado por $n \cdot u = 0$, ou seja $(a,b,c)\cdot(x,y,z) = 0$ o que decorre na equação $ax + by + cz = 0$, a equação de um plano que passa no $(0,0,0)$.

Suponha agora que π é um plano com a mesma normal n, mas que não passa pela origem. Deslocando o plano por um ponto de π, por exemplo, (α,β,γ), temos $a(x-\alpha) + b(y-\beta) + c(z-\gamma) = 0$ e, portanto, $ax + by + cz - (a\alpha + b\beta + c\gamma) = 0$, bastando tomar $d = -(a\alpha + b\beta + c\gamma)$.

Recíprocamente, temos três variáveis na equação, sendo portanto duas variáveis livres: indicando que há dois vetores linearmente independentes.

Substituindo valores quaisquer que satisfaçam a equação, encontramos um ponto P no plano, assim, temos as duas direções e uma posição, definindo um plano. $\square$

Observação 5.43. Uma fórmula análoga a do produto interno existe para o produto vetorial:

$$\|u \times v\| = \|u\|.\|v\|sen(\theta)$$

com θ sendo o ângulo entre os vetores u e v, tendo um valor de 0 a π (ou seja, de 0° a 180°).

Note que usando isso, se u e v descreverem dois lados de um paralelogramo, então $\|u \times v\|$ resulta na área de tal paralelogramo.

Exemplo 5.44. Encontre a equação do plano que contém os pontos $A = (1, 0, -1)$, $B = (1, -1, 1)$ e $C = (0, 1, 1)$. Tomando $u = B - A = (0, -1, 2)$ e $v = B - C = (1, -2, 0)$, temos dois vetores diretores. Calculando $n = u \times v = det \begin{bmatrix} i & j & k \\ 0 & -1 & 2 \\ 1 & -2 & 0 \end{bmatrix} = 4i + 2j + k = (4, 2, 1)$ o vetor normal ao plano. Assim a equação de tal plano deve ter formato $4x + 2y + 1z + d = 0$, e encontramos d substituindo algum dos pontos, no A por exemplo: $4.1 + 2.0 + 1.(-1) + d = 0$ e portanto $d = -3$. Assim, concluímos que o plano é dado pela equação $4x + 2y + 1z - 3 = 0$. Para checar se estamos corretos, basta substituir a equação nos três pontos e verificar que satisfazem a equação.

5.5 Exercícios

Exercício 5.45. Sejam A, B matrizes no espaço vetorial $\mathcal{M}_2(\mathbb{R})$ canônico com produto interno canônico. Se $\|A\| = \|B\| = 1$ e $A \cdot B = 2$, calcule $(A+B)\cdot(A+B) - (A+B)\cdot(A-B)$.

Exercício 5.46. Verifique se $T : \mathbb{R}^2 \to \mathbb{R}^2$ dada por $T(x, y) = (\langle(x, y), (1, 0)\rangle, \langle(x, y), (0, 1)\rangle$ é uma transformação linear. Em caso afirmativo, verifique se é isomorfismo, em caso negativo, mostre qual propriedade que falha.

Exercício 5.47. Encontre a reta ortogonal ao plano $2x + x - z + 1 = 0$ que passa pelo ponto $(1, 1, 1)$.

Exercício 5.48. Ortogonalizando o conjunto $\{(1, 2, 1), (1, 1, 1), (1, 0, 2)\}$ obtemos qual conjunto?

Exercício 5.49. Verifique que a norma, de maneira geral, não é uma transformação linear, isto é, $T(u) = \|u\|$ não define uma transformação linear, citando um contra-exemplo.

Exercício 5.50. Retomando que a derivada de um polinômio é dada por $D(a + bx + cx^2) = b + 2cx$, verifique se $\langle(a + bx), (c + dx)\rangle = D(a + bx)d + D(c + dx)b + D(ax + b)D(cx + d)$ forma um produto interno em $\mathcal{P}_1(\mathbb{R})$.

Exercício 5.51. Calcule $(i + j - k)(i - j + k)$ e deduza o resultado de $(1, 1, -1) \times (1, -1, 1)$.

Exercício 5.52. Encontre dois vetores ortogonais a $(1, 1, 1)$.

Exercício 5.53. Dois planos paralelos em $\mathbb{R}^3$ são interceptados por uma reta ortogonal a ambos nos pontos $(1, 1, 1)$ e $(2, 0, 0)$, respectivamente. Encontre a equação de ambos os planos.

Exercício 5.54. Calcule a inclinação da reta $r : (x, y, z) = (1, 2, 1) + t(1, 1, 1)$ em relação ao plano $2x + 5y + z = 0$.

Exercício 5.55. Ortogonalize o conjunto $\{1 + x + x^2, x + 1, 1 + x^2\}$ com o produto canônico.

Exercício 5.56. Dados os vetores $u = (1, y, 2)$ e $v = (x, 1, 1)$, descubra o valor de $x, y \in \mathbb{R}$ de modo que $\|u\| = \|v| = \sqrt{6}$ e $u \cdot y = 1$.

Exercício 5.57. Se u, v são vetores e $u \cdot v = 5$, calcule $((u \cdot v)u) \cdot ((v \cdot u)v)$.

6 Diagonalização e teorema espectral

Nesta seção falaremos dos últimos itens a serem incluídos, normalmente, num curso de algebra linear. É sobre a capacidade de traduzir matrizes quaisquer, dentro de determinadas condições, em matrizes que são diagonais, simples de serem manipuladas. Note que trabalhando com matrizes estamos, analogamente, trazendo resultados sobre transformações lineares, como vimos anteriormente que tais objetos são praticamente os mesmos, bastando alguns cuidados.

Definição 6.1. Se A é uma matriz quadrada, dizemos que A é matriz **diagonal** se todas as entradas que não estão na diagonal principal são nulas, isto é, se $A = (a_{ij})$, então $a_{ij} = 0$ sempre que $i \neq j$.

Note que a matriz diagonal **pode** ter zeros na diagonal também: a condição é que fora dela tudo seja zero.

Exemplo 6.2. $\begin{bmatrix} 1 & 0 & 0 \\ 0 & -1 & 0 \\ 0 & 0 & \pi \end{bmatrix}$ e $\begin{bmatrix} 5 & 0 & 0 & 0 \\ 0 & -1 & 0 & 0 \\ 0 & 0 & 0 & 0 \\ 0 & 0 & 0 & 10^{\sqrt{2}} \end{bmatrix}$ são matrizes diagonais.

Observação 6.3. O produto e a soma de matrizes diagonais é também uma matriz diagonal.

6.1 Autovalores e autovetores

Definição 6.4. Seja V um espaço vetorial e $T : V \to V$ uma transformação linear. Seja $u \in V$ um vetor não nulo que satisfaz $T(u) = \lambda u$ para algum escalar λ. Nestas condições dizemos que u é **autovetor** de T e λ é **autovalor** associado ao autovetor u. Note que o mesmo vale se definirmos $[T]$ como uma matriz quadrada, dada a equivalência entre transformações lineares e matrizes em dimensão finita.

Proposição 6.5. Cada autovetor está associado a um **único** autovalor.

Demonstração. Suponha que fosse possível um u autovetor estar associado a λ, α autovalores distintos. Assim teríamos $T(u) = \lambda u = \alpha u$, o que implicaria que u é o vetor nulo, impossível pois u é autovetor. □

Observação 6.6. Note que isso não significa que um autovalor tem somente um autovetor, são autovetores que se ligam a um único autovalor. Note também que enquanto autovetores são sempre não nulos, o autovalor **pode** ser zero.

Exemplo 6.7. A transformação $T(x, y) = (y, x)$ tem, intuitivamente, autovetor $(1, 1)$, pois $T(1, 1) = 1(1, 1)$, tendo portanto autovalor associado $\lambda = 1$. Um outro autvetor, menos intuitivo de ser encontrado, de modo que seja linearmente independente do primeiro, é $(1, -1)$ pois $T(1, -1) = (-1, 1) = -1(1, -1)$, tendo autovalor associado $\lambda = -1$.

Nosso interesse será sempre contar quantos autovetores linearmente independentes há. Somente linearmente independentes, caso contrário estaremos de maneira redundante circulando o mesmo resultado parcial.

Definição 6.8. Seja V espaço vetorial e $T : V \to V$ uma transformação linear a qual possui λ como autovalor. O conjunto dos autovetores associados a λ, incluindo o nulo, isto é, o conjunto $\{u \in V \mid T(u) = \lambda u\}$ é chamado de **autoespaço** associado ao autovalor λ.

Proposição 6.9. Todo autoespaço é um subespaço vetorial. (Note que, embora os autovetores são não nulos, quando definimos autoespaço incluímos o nulo)

Demonstração. Sejam u, v autovetores associados a um λ fixo, isto é, vetores do autoespaço de λ. Sejam α, β escalares. Então: $T(\alpha u + \beta v) = \alpha T(u) + \beta T(v) = \alpha\lambda u + \beta\lambda v = \lambda(\alpha u + \beta v)$, portanto $\alpha u + \beta v$ está no autoespaço. □

Proposição 6.10. Seja M uma matriz quadrada sobre $\mathbb{R}$ ou sobre $\mathbb{C}$. Definimos como **polinômio característico** de M o polinômio $p(\lambda) = det(M - \lambda I)$ e, se $M = [T]$, isto é, representa a matriz de uma transformação linear, então as raizes de tal polinômio são autovalores de T.

Demonstração. Seja $T : V \to V$ transformação linear entre espaços de dimensão finita e $M = [T]$ a matriz que representa T. Note que a equação $Mu = \lambda u$ pode ser reescrita por $Mu - \lambda u = 0$, que por sua vez, fica $Mu - \lambda Iu = 0$, portanto, $(M - \lambda I)u = 0$. Isso nos diz, com u não nulo, que $det(M - \lambda I) = 0$ □

A proposição acima nos dá um metodo de encontrar autovalores, dado qualquer transformação linear representado por uma matriz. Note que às vezes a raiz pode ser complexa. Neste caso, note que tampouco encontraremos autovetores se o espaço for sobre $\mathbb{R}$. Através do **teorema fundamental da álgebra**, garantimos que tais raízes sempre existirão, talvez sendo complexas. Evitaremos o caso complexo pois, para trabalhar com tal, precisamos falar de algo mais comum num segundo curso de álgebra linear, que é a decomposição espectral de matrizes normais.

Exemplo 6.11. Quais são os autovalores da transformação linear $T(x,y) = (x+y, x-y)$? Escrevendo como matriz, temos $\begin{bmatrix} x & y \\ x & -y \end{bmatrix} = \begin{bmatrix} 1 & 1 \\ 1 & -1 \end{bmatrix} \begin{bmatrix} x \\ y \end{bmatrix}$. Agora, computando $([T] - \lambda I)$ obtemos $\begin{bmatrix} 1 & 1 \\ 1 & -1 \end{bmatrix} - \begin{bmatrix} \lambda & 0 \\ 0 & \lambda \end{bmatrix} = \begin{bmatrix} 1-\lambda & 1 \\ 1 & -1-\lambda \end{bmatrix}$ cujo determinante é $(1-\lambda)(-1-\lambda) - 1 = (\lambda-1)(\lambda+1) - 1 = \lambda^2 - 1 - 1$, cujas raízes são $\lambda = \pm\sqrt{2}$.

Teorema 6.12. (**Teorema de Cayley-Hamilton, adaptado**) Seja M uma matriz quadrada sobre $\mathbb{R}$ ou sobre $\mathbb{C}$ e p seu polinômio característico. Então, além de $p(\lambda) = 0$ sempre que λ for um autovalor, também vale $p(M) = 0$, isto é, a matriz em si é também uma raiz do polinômio lembrando de tratar escalares α como αI.

Exemplo 6.13. Se uma matriz M tem polinômio característico $p(\lambda) = \lambda^3 - \lambda$, então $\lambda^3 - \lambda = 0$ e, além disso, $M^3 - M = 0$, o que implica que $M^3 = M$.

Exemplo 6.14. Ainda, supondo que M tenha polinômio característico $(\lambda - 1)(\lambda - 2)$, podemos afirmar que $(M - I)(M - 2I) = 0$ e aplicando o determinante, temos $det(M-I)det(M-2I) = 0$, nos garantindo que a matriz M zera ao menos um dos determinantes, $det(M - I)$ ou $det(M - 2I)$. Manipulando o polinômio podemos ter também uma forma de tratar o determinante de maneira sem potências: $(M - I)(M - 2I) = M^2 - 3M + 2I = 0$, portanto $det(M)^2 = det(3M - 2I)$.

Exemplo 6.15. A seguir temos um exemplo manual feito pelo autor do livro do passo a passo ao calcular autovalores e autovetores de uma matriz $M_{3\times 3} = \begin{bmatrix} 1 & 1 & 0 \\ 0 & 0 & 1 \\ 0 & 0 & 2 \end{bmatrix}$.

$$M = \begin{bmatrix} 1 & 1 & 0 \\ 0 & 0 & 1 \\ 0 & 0 & 2 \end{bmatrix} \quad \text{então } \det(M - I\lambda) = \det \begin{bmatrix} 1-\lambda & 1 & 0 \\ 0 & -\lambda & 1 \\ 0 & 0 & 2-\lambda \end{bmatrix} = -\lambda(1-\lambda)(2-\lambda)$$

Logo: $\lambda(1-\lambda)(2-\lambda) = 0$

Assim: $\lambda_1 = 0, \quad \lambda_2 = 1, \quad \lambda_3 = 2$

Autovetores:

(i) Se $\lambda = 0$: $Mu = \lambda u = 0$

$$\begin{bmatrix} 1 & 1 & 0 \\ 0 & 0 & 1 \\ 0 & 0 & 2 \end{bmatrix} \begin{pmatrix} x \\ y \\ z \end{pmatrix} = \begin{pmatrix} 0 \\ 0 \\ 0 \end{pmatrix} \Rightarrow \begin{cases} x + y = 0 \rightarrow x = -y \\ z = 0 \rightarrow z = 0 \\ 2z = 0 \end{cases}$$

Assim $(x, y, z) = (-y, y, 0) = y(-1, 1, 0)$; $v_1 = (-1, 1, 0)$ é autovetor

(ii) Se $\lambda = 1$: $Mu = \lambda u = 1u$

$$\begin{bmatrix} 1 & 1 & 0 \\ 0 & 0 & 1 \\ 0 & 0 & 2 \end{bmatrix} \begin{pmatrix} x \\ y \\ z \end{pmatrix} = \begin{pmatrix} 1x \\ 1y \\ 1z \end{pmatrix} \Rightarrow \begin{cases} x + y = x \rightarrow y = 0 \\ z = z \\ 2z = z \quad z = 0 \end{cases}$$

Assim $(x, y, z) = (x, 0, 0) = x(1, 0, 0)$

Logo $v_2 = (1, 0, 0)$ é autovetor

(iii) Se $\lambda = 2$: $Mu = \lambda u = 2u$

$$\begin{bmatrix} 1 & 1 & 0 \\ 0 & 0 & 1 \\ 0 & 0 & 2 \end{bmatrix} \begin{pmatrix} x \\ y \\ z \end{pmatrix} = \begin{pmatrix} 2x \\ 2y \\ 2z \end{pmatrix} \Rightarrow \begin{cases} x + y = 2x \rightarrow y = x \\ z = 2y \rightarrow z = 2y \\ 2z = 2z \quad 0 = 0 \end{cases}$$

Logo $(x, y, z) = (y, y, 2y) = y(1, 1, 2)$

Assim: $v_3 = (1, 1, 2)$ é autovetor.

Algumas vezes, calculando as raízes do polinômio característico precisaremos refletir sobre meios de encontrar raízes. Até segundo grau, que ocorre em matrizes de ordem 2, usamos a fórmula quadrática. Em grau 3, as vezes há truques de fatoração ou usar divisão polinomial para reduzir grau. Lembrando que do grau 3 em diante você dificilmente usará algoritmos para resolver as equações mas sim truques, pois para resolver uma equação polinomial de grau 3 oficialmente usariamos o método de **Cardano-Tartaglia**, que é exageradamente cansativo e exaustivo. Para grau 4, usariamos a formula de **Ferrari**, ou simplesmente formula quartica, que somente para escrevê-la toma uma lousa universitária inteira, tornando inviável seu uso. Menção honrosa a graus maiores que 4 que não possuem (e jamais possuirão) métodos usando raízes e somas de resolver, devido a um resultado da **teoria de Galois**.

6.2 Multiplicidade algébrica e geométrica

Definição 6.16. Seja M uma matriz quadrada de ordem n com entradas reais ou complexas e seu polinômio característico p de grau n. De acordo com o **teorema fundamental da álgebra**, p terá n raízes complexas contando multiplicidade de modo que pode ser fatorado em função de suas raízes $r_1, r_2, ..., r_k \in \mathbb{C}$ e suas respectivas multiplicidades $m_1, m_2, ..., m_k \in \mathbb{N}$:

$$p(\lambda) = a(\lambda - r_1)^{m_1}(\lambda - r_2)^{m_2}...(\lambda - r_k)^{m_k}$$

Nestas condições, dizemos que m_j é a **multiplicidade algébrica** do autovalor λ_j. Definimos como **multiplicidade geométrica** a dimensão do espaço gerado pelos autovetores de um especifico autovalor. Usamos a notação $ma(\lambda_j)$ para a multiplicidade algébrica do autovalor λ_j e $mg(\lambda_j)$ para sua multiplicidade geométrica.

Note que a soma das multiplicidades algébricas sempre totalizam o grau do polinômio.

Exemplo 6.17. O exemplo usado ao fim da subseção anterior, feito manualmente, a partir da matriz $\begin{bmatrix} 1 & 1 & 0 \\ 0 & 0 & 1 \\ 0 & 0 & 2 \end{bmatrix}$ gerou os autovalores $0, 1, 2$. Note que as multiplicidades algébricas foram todas 1, assim como as geométricas.

Nem sempre ocorre de a multiplicidade algébrica e a geométrica de um vetor serem iguais.

Exemplo 6.18. Tome a matriz $\begin{bmatrix} 0 & 1 \\ 0 & 0 \end{bmatrix}$ que terá polinômio característico λ^2. Assim, há um único autovalor, $\lambda = 0$ e $ma(0) = 2$. Ao buscar por autovetores, encontraremos somente um autovetor, multiplo de $(1, 0)$, sem mais nenhuma possibilidade de autovetor linearmente independente para complementar, sendo portanto que $mg(0) = 1$.

Proposição 6.19. Se λ é um autovalor de uma matriz quadrada M, então $mg(\lambda) \geq 1$ e $ma(\lambda) \geq 1$.

Demonstração. Embora para muitos seja trivial esta afirmação, note que, por definição, se λ é autovalor, deve existir ao menos um vetor não nulo de modo que $Mv = \lambda v$, portanto há ao menos um autovetor LI atrelado ao autovetor, fazendo a dimensão do autoespaço de λ ser no mínimo 1. Pelo teorema fundamental da algebra, sabemos que se λ é raiz do polinômio característico, então ele aparece como fator na decomposição por raizes e, obviamente, o grau deve ser pelo menos 1, caso contrário deixaria de ser raiz. □

Um resultado relevante ao que estamos estudando é o que se segue:

Teorema 6.20. Seja M uma matriz quadrada e λ um autovalor qualquer. Então $ma(\lambda) \geq mg(\lambda)$.

Vamos evitar a sopa algébrica matricial que seria demonstrar o teorema acima e reduzir a uma observação simplista: o grau com que a raiz aparece no polinômio é a cota máxima para quantos autovetores LI você poderá encontrar. No polinômio característico $\lambda^4 - \lambda^3$ temos duas raízes, $\lambda_1 = 1$ e $\lambda_2 = 0$, onde $ma(\lambda_1) = 1$ e $ma(\lambda_2) = 3$. Agora, a depender da matriz escolhida, podemos ter multiplicidades geométricas distintas, mas já sabemos que $mg(\lambda_1) \leq 1$ e $lg(\lambda_2) \leq 3$, sendo que estas são a quantidades de autovetores LI que podemos encontrar em cada caso, a depender da matriz.

Definição 6.21. Se M é uma matriz quadrada e há algum autovalor λ de modo que $ma(\lambda) > mg(\lambda)$, dizemos que M é uma matriz **defectiva**.

Exemplo 6.22. Para quaisquer α, β reais, a matriz $\begin{bmatrix} \alpha & 1 & 0 \\ 0 & \alpha & 0 \\ 0 & 0 & \beta \end{bmatrix}$ é defectiva.

Exemplo 6.23. Matrizes quadradas que são diagonais e com entradas reais nunca são defectivas.

6.3 Diagonalização, decomposição espectral

Uma curiosidade a ser dita antes de seguirmos ao processo de diagonalização é que o espectro de uma matriz quadrada é o conjunto de seus autovalores. Como na diagonalização estamos "separando" o espaço por autovalores (e autovetores), estamos fazendo uma decomposição em função do espectro, daí o nome decomposição espectral.

Definição 6.24. Seja A_n uma matriz quadrada sobre os reais ou sobre os complexos. Dizemos que A_n é diagonalizável se existir D_n diagonal e uma matriz P_n que seja invertível, denominada **matriz modal**, de modo que vale a igualdade $A = PDP^{-1}$.

Teorema 6.25. (**Teorema da decomposição por autovalores**) Se A_n é uma matriz quadrada não defectiva sobre $\mathbb{R}$ com autovalores reais, então existe P_n matriz modal, invertível, e D_n matriz diagonal de modo que $A = PDP^{-1}$, isto é, A_n é diagonalizável.

Além disso, escrevendo seus autovalores em ordem $\lambda_1, ..., \lambda_n$ incluindo repetições e seus respectivos autovetores $v_1, ..., v_n$, temos que a diagonal de D é composta dos autovalores e as colunas de P são os autovetores, escritos na ordem respectiva.

Demonstração. Da propriedade dos autovetores, temos que $Av_j = \lambda_j v_j$, para cada $j = 1, 2, ..., n$. Assim, escrevendo a P sendo os vetores escritos em coluna e D a matriz diagonal de autovalores na ordem, escrevemos o sistema de como $AP = PD$. Como os autovetores são linearmente independentes pois a matriz A é não defectiva, temos que P é invertível, e segue $A = PDP^{-1}$ □

O teorema acima é a ferramenta mais pesada de todo o curso. É também um caso particular do **teorema espectral**, que quantificaria o caso em que a matriz tem autovalores complexos e a matriz P poderia sempre ser composta de autovetores ortogonais entre si. Tais ferramentas envolveriam mais uma seção quantificando sobre matrizes conjugadas, hermitianas e normais e sua relação com produto interno, por isso num primeiro curso de algebra linear vamos aos casos reais e diretos, sabendo que também funcionam no caso complexo (com um certo suor a mais).

Note, com isso, que para diagonalizar uma matriz, ou sequer descobrir se ela é diagonalizável sobre os reais, podemos simplesmente calcular seus autovalores e autovetores e checar se $ma(\lambda) = mg(\lambda)$ em cada autovalor.

Exemplo 6.26. Retomando o exemplo **6.15** feito manualmente, a matriz $M = \begin{bmatrix} 1 & 1 & 0 \\ 0 & 0 & 1 \\ 0 & 0 & 2 \end{bmatrix}$ tem $\lambda_1 = 0$, $\lambda_2 = 1$ e $\lambda_3 = 2$ de autovalores, com respectivos autovetores $v_1 = (-1,1,0)$, $v_2 = (1,0,0)$ e $v_3 = (1,1,2)$. Assim podemos afirmar que $P = \begin{bmatrix} -1 & 1 & 1 \\ 1 & 0 & 1 \\ 0 & 0 & 2 \end{bmatrix}$ e que $D = \begin{bmatrix} 0 & 0 & 0 \\ 0 & 1 & 0 \\ 0 & 0 & 2 \end{bmatrix}$, valendo, portanto, $M = PDP^{-1}$ e sendo, portanto M, diagonalizável.

Corolário 6.27. Seja A é uma matriz diagonalizável e $A = PDP^{-1}$ sua decomposição diagonal, então $A^n = PD^nP^{-1}$ para cada n natural. Se $det(A) \neq 0$ então vale para todo n inteiro.

Exemplo 6.28. Podemos construir uma transformação linear partindo dos autovalores e autovetores. Por exemplo, tomando $\lambda_1 = 2$ e $v_1 = (1,-1)$ e também $\lambda_2 = 3$ com $v_2 = (2,1)$, temos que $D = \begin{bmatrix} 2 & 0 \\ 0 & 3 \end{bmatrix}$ e também $P = \begin{bmatrix} 1 & 2 \\ -1 & 1 \end{bmatrix}$, bastando calcular a inversa de P e, assim, construir a transformação linear dada pela matriz $[T] = PDP^{-1}$. Por definição, tal transformação linear terá os autovalores e autovetores que selecionamos.

6.4 Mudança de base

Definição 6.29. Seja $B = \{b_1, ..., b_n\}$ uma base de um espaço vetorial de dimensão n. Dizemos que um vetor v está na base B se ele for escrito por

$$v = \sum_{i=1}^{n} \alpha_i b_i = [(\alpha_1, ..., \alpha_n)]_B = [B]\alpha^t$$

onde cada α_i é um escalar no corpo, $[B]$ é a matriz constituida em colunas por $b_1, ..., b_n$, chamamade de **matriz base** e $\alpha = (\alpha_1, ..., \alpha_n) = [v]_B$.

Exemplo 6.30. Todo vetor escrito sem estar em base especifica está automaticamente na base canonica, no $\mathbb{R}^n$. Por exemplo: $(2,1,3)^t = 2(1,0,0)^t + 1(0,1,0)^t + 3(0,0,1)^t = \begin{bmatrix} 1 & 0 & 0 \\ 0 & 1 & 0 \\ 0 & 0 & 1 \end{bmatrix} (2,1,3)^t$.

Note que, em síntese, um vetor escrito em uma base B pode ser trazido a base canônica por $[(v_1, ..., v_n)]_B^t = [B](v_1, ..., v_n)^t$, bastando multiplicar o vetor por sua base.

Exemplo 6.31. Seja $B = \{(1,1),(1,2)\}$ uma base do $\mathbb{R}^2$ e o vetor $[v]_B = (3,4)$. Quais as coordenadas de v na base canônica?

Basta calcular $[B]v^t = \begin{bmatrix} 1 & 1 \\ 1 & 2 \end{bmatrix} \begin{bmatrix} 3 \\ 4 \end{bmatrix} = \begin{bmatrix} 3+4 \\ 3+8 \end{bmatrix} = \begin{bmatrix} 7 \\ 11 \end{bmatrix}$, assim $v = (7, 11)$.

Proposição 6.32. Se $v = (v_1, ..., v_n)$ é um vetor em $\mathbb{R}^n$ na base canônica e $B = \{b_1, ..., b_n\}$ uma base qualquer de $\mathbb{R}^n$, então $[B][v]_B^t = v^t$ implica $[v]_B = [B]^{-1}v^t$. Isto é, a matriz base devolve o vetor à base canonica e a inversa da matriz base retorna o vetor à base B.

Demonstração. Basta notar que o vetor $[B]^{-1}v^t$ é tal que, se multiplicado por $[B]$, retorna a v^t: $[B][B]^{-1}v^t = v^t$, sendo então $[v]_B = [B]^{-1}v^t$ seu reresentante na base B. □

Note que, como ja vimos, a mudança de base existe qualquer que seja seu espaço vetorial de dimensão finita, por ele ser espelho de algum $\mathbb{R}^n$, mas quando estamos lidando com polinômios ou espaços de matrizes, a mudança de base usando a proposição acima pode ficar um pouco confusa, por isso normalmente mergulhamos os espaços em algum $\mathbb{R}^n$ adequado.

Exemplo 6.33. O polinômio $3 + 2x + x^2$ pode ser escrito como $(1,1,1)_B$ na base $B = \{1, 1+x, 1+x+x^2\}$, pois $(1,1,1)_B = 1(1) + 1(1+x) + 1(1+x+x^2) = 3 + 2x + x^2$. Da mesma forma que $1 + 2x^2$ pode ser escrito como $(2,-2,2)_B = 2(1) - 2(1+x) + 2(1+x+x^2)$.

Definição 6.34. Seja $T : \mathbb{R}^n \to \mathbb{R}^n$ uma transformação linear. Dizemos que $[T]_C^B$ é transformação com mudança de base $B = \{b_1, ..., b_n\}$ para base $C = \{c_1, ..., c_n\}$ quando denotada por $[T]_C^B = [C][T][B]^{-1}$.

No caso em que $T(u) = u$ para todo u, dizemos que é a **matriz de mudança de base** e denotamos por $[I]_C^B$.

Note que a razão de definirmos assim ocorre pois: $[T]_C^B[v]_B = [C][T][B]^{-1}[B]v = [C]T(v) = [T(v)]_C$, isto é, T foi uma transformação linear que recebeu um vetor na base B, mudou ele para a base canônica, fez a sua própria transformação, depois jogou na base C.

Além disso, a transformação $[I]_C^B$ somente faz a mudança de base, sem aplicar alterações no vetor.

Note também que o fato de serem bases do espaço inteiro é de fundamental importância, caso contrário faltariam vetores, faltando colunas e deixando a transformação incompleta.

Observação 6.35. Note que quando uma matriz $[T]$ é diagonalizável, definindo uma base composta de autovetores $P = \{p_1, ..., p_n\}$, temos que $[T] = [P]D[P]^{-1}$ que é o mesmo que $[T]_P^P$. Ou seja, ao diagonalizar uma matriz, encontramos a base na qual a matriz da transformação fica diagonal. Ou seja: $[T][v]_P = [Dv]_P$, lembrando que em muitos casos estamos considerando os vetores escrito em coluna, isto é, v^t.

Exemplo 6.36. Encontre a matriz mudança de base da base $B = \{(1, 1), (0, 1)\}$ para a base $C = \{(1, 2), (1, -1)\}$. Então $[I]_C^B = [C][I][B]^{-1}$ descreve tal matriz. Precisamos encontrar a inversa de $[B] = \begin{bmatrix} 1 & 0 \\ 1 & 1 \end{bmatrix}$.

$$\left[\begin{array}{cc|cc} 1 & 0 & 1 & 0 \\ 1 & 1 & 0 & 1 \end{array}\right] \begin{array}{c} L_1 \\ L_2 \leftarrow (L_2 - L_1) \end{array} = \left[\begin{array}{cc|cc} 1 & 0 & 1 & 0 \\ 0 & 1 & -1 & 1 \end{array}\right]$$

Assim:

$$[I]_C^B = [C][I][B]^{-1} = \begin{bmatrix} 1 & 1 \\ 2 & -1 \end{bmatrix} \begin{bmatrix} 1 & 0 \\ -1 & 1 \end{bmatrix} = \begin{bmatrix} 0 & 1 \\ 3 & -1 \end{bmatrix}$$

Proposição 6.37. Se $[I]_C^B$ é matriz de mudança de base num mesmo espaço, então $[I]_C^B u = 0 \iff u = 0$, isto é, mudança de base deve ser um isomorfismo do espaço nele mesmo.

Para comprovar a proposição acima, bastaria notar que a matriz é inversível, portanto deve representar uma transformação bijetora.

Definição 6.38. Sejam $B = \{b_1, ..., b_n\}$ e $C = \{c_1, ..., c_m\}$ bases de $\mathbb{R}^n$ e $\mathbb{R}^m$ respectivamente, e uma $T : \mathbb{R}^n \to \mathbb{R}^m$ transformação linear. Mesmo o domínio e contradomínio sendo de dimensões distintas, podemos escrever da mesma forma a transformação T em relação às bases B e C como:

$$[T]_C^B = [C]^{-1}[T][B]$$

Uma decorrência da definição acima é que uma transformação terá mesma dimensão de núcleo e de imagem independente da base escolhida.

6.5 Relação entre diagonalização, mudança de base e cônicas

Nesta seção trataremos de cônicas em coordenadas mais complicadas, por exemplo, rotacionadas ou transladadas, conectando à teoria que vimos de matrizes e transformações lineares.

Definição 6.39. Vamos redefinir o conceito de cônica e ao longo dessa subseção veremos a equivalência com a definição de seção cônica. Uma cônica no plano cartesiano é a figura dada pelo conjunto de pontos (x, y) de modo que a equação abaixo seja satisfeita:

$$ax^2 + bxy + cy^2 + dx + ey + f = 0$$

onde a, b, c, d, e, f são reais e a, b, c não são todos nulos.

Proposição 6.40. A equação geral de uma cônica no plano pode ser escrita matricialmente como:

$$\begin{bmatrix} x & y \end{bmatrix} \begin{bmatrix} a & \frac{b}{2} \\ \frac{b}{2} & c \end{bmatrix} \begin{bmatrix} x \\ y \end{bmatrix} + \begin{bmatrix} d & e \end{bmatrix} \begin{bmatrix} x \\ y \end{bmatrix} + f = 0$$

Definição 6.41. Seja uma cônica $ax^2+bxy+cy^2+dx+ey+f = 0$. Definimos o seu **primeiro discriminante** por $\Delta_1 = det \begin{bmatrix} a & b & d \\ b & c & e \\ d & e & f \end{bmatrix}$ e dizemos que a cônica é degenerada se $\Delta_1 = 0$.

Definimos seu **segundo discriminante** por $\Delta_2 = -4det \begin{bmatrix} a & \frac{b}{2} \\ \frac{b}{2} & c \end{bmatrix}$, isto é, $\Delta_2 = b^2 - 4ac$ e, se a cônica for não degenerada:
(i) Se $\Delta_2 < 0$, a cônica é chamada de elipse e, além disso, se $a = c$ e $b = 0$, dizemos que é um círculo
(ii) Se $\Delta_2 = 0$, dizemos que a cônica representa uma parábola
(iii) Se $\Delta_2 > 0$, a cônica é chamada de hipérbole

Note que simplesmente olhando para a equação que definimos como cônica, não sabemos dizer nada sobre ela. Que formato tem? O que é a figura? Através dos discriminantes podemos intuir algo, mas mesmo assim, ainda pouco sabemos sobre a figura geométrica. Isso ocorre justamente para que tal forma descreva qualquer cônica e em qualquer posição, rotacionada e transladada. Lembre-se que vimos que rotação pode ser descrita como uma transformação linear, uma matriz. E justamente através disso que se dá a tradução de diagonalização em cônicas.

Definição 6.42. Uma matriz é dita ortonormal se suas colunas formam uma base ortonormal, isto é, ortogonais dois a dois e com norma 1.

Proposição 6.43. Se M é matriz ortonormal, então $M^{-1} = M^t$.

Demonstração. Para checar isto, basta ver que MM^t será uma matriz que irá zerar todas as componentes fora da diagonal, devido a ortogonalidade. Na diagonal principal, teremos um vetor fazendo produto interno consigo mesmo, resultando em 1. Portanto $MM^t = I$. □

Teorema 6.44. (Diagonalização de matriz de cônicas) Toda cônica pode ser escrita por $vMv^t + Av^t + f = 0$ onde M é uma matriz simétrica e, além disso, M será diagonalizável de modo que $M = PDP^{-1}$ e P poderá ser escrita como uma matriz de rotação e também uma matriz ortonormal, de modo que sendo tratada como mudança de base $[I]_P^{can}$ teremos que a cônica pode ser reescrita como $uDu^t + A'u^t + f' = 0$, excluindo o termo misto xy.

Note que, com o teorema acima, podemos escrever $D = P^{-1}MP = P^tDP$ por P ser ortonormal, assim colaborando para $vMv^t = (vP)D(P^tv^t) = uDu^t$

Exemplo 6.45. Usando diagonalização, descreva a cônica $3x^2-2xy+3y^2 = 8$ encontrando uma base na qual as coordenadas fiquem sem termo xy, isto é, alinhada com os eixos.

Para isso, note que $vMv^t = 8$, com $v = (x, y)$ e $M = \begin{bmatrix} 3 & 1 \\ 1 & 3 \end{bmatrix}$, descreve a cônica. Achando os autovalores de M obtemos $\lambda_1 = 4$, $\lambda_2 = 2$, com autovetores $v_1 = (1, 1)$, $v_2 = (-1, 1)$, normalizando, $u_1 = \frac{\sqrt{2}}{2}(1, 1)$ e $u_2 = \frac{\sqrt{2}}{2}(-1, 1)$.

Assim, $D = \begin{bmatrix} 4 & 0 \\ 0 & 2 \end{bmatrix}$ e $P = \begin{bmatrix} \frac{\sqrt{2}}{2} & -\frac{\sqrt{2}}{2} \\ \frac{\sqrt{2}}{2} & \frac{\sqrt{2}}{2} \end{bmatrix}$, o que, comparando com a matriz de rotação padrão $\begin{bmatrix} cos(\theta) & -sen(\theta) \\ sen(\theta) & cos(\theta) \end{bmatrix}$ nos diz que $\theta = \frac{\pi}{4}$, ou seja, 45º.

Assim, $vMv^t = vPDP^{-1}v^t$ e escrevemos na base dada por P^{-1}: $u^t = (x', y')^t = [P]^{-1}(x, y)^t = [P]^t(x, y)^t = (x, y)[P]$. Portanto $uDu^t = 8$ ficará $4x'^2 + 2y'^2 = 8$, e portanto $\frac{x'^2}{\sqrt{2}^2} + \frac{y'^2}{2^2}$, tendo então, nessas novas coordenadas, eixo maior y com distância de seu centro até a ponta mais distante valendo 2, sendo então, finalmente, identificável como uma elipse.

Note que poderíamos ter também ter rotacionado no sentido contrário, resultando na mesma elipse, mas com 90° rotacionados.

6.6 Exercícios

Exercício 6.46. Verifique quais matrizes a seguir são diagonalizáveis. As que forem, encontre seus autovalores e autovetores de modo a decompor $A = PDP^{-1}$.

(a) $\begin{bmatrix} -5 & 2 \\ -12 & 5 \end{bmatrix}$ (b) $\begin{bmatrix} 3 & 1 \\ -5 & 9 \end{bmatrix}$ (c) $\begin{bmatrix} 5 & -1 & 1 \\ 1 & 3 & 1 \\ 0 & 0 & 4 \end{bmatrix}$ (d) $\begin{bmatrix} 3 & -2 & 1 \\ 1 & 0 & 1 \\ 0 & 0 & 2 \end{bmatrix}$

(e) $\begin{bmatrix} 1 & 1 & 0 & 1 \\ 0 & 2 & 1 & 0 \\ 0 & 0 & 3 & 0 \\ 0 & 0 & 0 & 3 \end{bmatrix}$ (f) $\begin{bmatrix} 1 & -1 & 1 & -1 & 1 \\ 0 & -1 & 1 & -1 & 1 \\ 0 & 0 & 1 & -1 & 1 \\ 0 & 0 & 0 & -1 & 1 \\ 0 & 0 & 0 & 0 & 1 \end{bmatrix}$

Exercício 6.47. Encontre a matriz de mudança de base da base $B = \{(1,1,2),(1,0,2),(1,2,3)\}$ para a base $C = \{(1,1,1),(1,1,0),(1,0,0)\}$.

Exercício 6.48. Seja o vetor $[u]_B = (1,3)_B$ de modo que $u = (2,2)$. Encontre uma base B ortonormal que satisfaça essas condições.

Exercício 6.49. Seja M uma matriz com polinômio característico $p(t) = t^2 - 1$. Sabendo que M é invertível, calcule M^{-1}.

Exercício 6.50. Descreva todas as matrizes invertíveis M de polinômio característico $p(t) = t^2 - t$ sobre os reais.

Exercício 6.51. Determine a transformação linear que possui autovalor $\lambda_1 = 2$ associado ao autovetor $v_1 = (1,2)$ e autovalor $\lambda_2 = -2$ e autovetor associado $v_2 = (-2,1)$.

Exercício 6.52. Verifique que se uma matriz M é diagonalizável e $M = PDP^{-1}$ onde D é diagonal, então $det(M) = det(D) = \lambda_1 ... \lambda_n$.

Exercício 6.53. Verifique se uma matriz diagonalizável invertível possui inversa diagonalizável.

Exercício 6.54. Verifique a relação entre possuir autovalor nulo e invertibilidade da matriz.

Exercício 6.55. Calcule $A^9 + A^{99}$, onde $A = \begin{bmatrix} 1 & -2 \\ 0 & -1 \end{bmatrix}$

Exercício 6.56. Verifique se uma matriz de polinômio característico $p(t) = t^4 - 1$ é diagonalizável sobre os reais.

Exercício 6.57. Se M matriz quadrada de ordem 10 possui polinômio característico $p(t) = (t-1)^n(t-2)^m(t-3)^3$, é diagonalizável e $mg(1) = mg(2) + 1$, encontre os valores de m e n.

Exercício 6.58. Descreva a cônica $7x^2 - 18xy + 7y^2 + 16x - 16y + 16 = 0$

7 Extras

7.1 Resumo por tópicos da disciplina

- Um corpo é uma estrutura que generaliza propriedades numéricas de soma e multiplicação com inversão
- Uma matriz é uma tabela de valores com propriedades lineares importantes
- Um espaço vetorial é uma estrutura que trabalha o conceito de dimensão, linearidade e direção mantendo operações numéricas
- A dimensão de um espaço é a quantidade de vetores linearmente independentes necessária para gerá-lo em somas e múltiplos, e a dimensão de um espaço é única
- Todos os espaços de mesma dimensão sobre um mesmo corpo são como "idênticos"entre si, por isomorfismo
- Uma transformação linear é injetora se e só se tiver núcleo trivial, contendo somente o nulo
- Toda transformação linear entre dimensões finitas é representada por uma matriz e vice versa
- Uma matriz é invertível se e só se tiver determinante não nulo
- Dois espaços isomorfos entre si podem ser "trocados"um pelo outro
- Produto interno testa ortogonalidade, produto vetorial gera um vetor ortogonal
- Uma base pode ser ortonormalizada pelo processo de Gram-Schmidt
- Uma norma é um jeito de medir um vetor, ela pode ser dada através de um produto interno
- O teorema do núcleo e da imagem garante que as dimensões do domínio se dividem em núcleo e em imagem
- Uma matriz diagonalizável é descrita por $A = PDP^{-1}$ com D sendo diagonal de autovalores e P coluna de autovetores, em ordem respectiva
- Uma matriz é diagonalizável sobre os reais se e só se a a multiplicidade geométrica é igual a multiplicidade algébrica de cada autovalor e os autovalores são todos reais
- Para trazer o vetor da base B para a canônica, basta multiplicar por $[B]$ matriz coluna da base

- Para levar o vetor de uma base canônica para uma base C, basta multiplicar por $[C]^{-1}$ onde C é a matriz coluna da base
- Juntando os dois itens anteriores, para ir de uma base B para uma base C, basta multiplicar por $[C]^{-1}[B]$
- Diagonalizar a matriz simétrica de uma cônica é um jeito de encontrar sua posição e como ela está rotacionada
- Escalonamento é útil para calcular determinante, resolver sistemas e inverter matrizes

7.2 Exercícios gerais com resposta

Exercício 7.1. Se $T(x, y) = (2x - 3y, x - y)$, determine se T é injetora.

R: Sim, $Ker(T) = \{(0,0)\}$

Exercício 7.2. Ortogonalize a base $\{(1,1,1), (1,1,0), (1,0,0)\}$ e normalize, tornando-a ortonormal.

R: $\{\frac{\sqrt{3}}{3}(1,1,1), \frac{\sqrt{6}}{6}(1,1,-2), \frac{\sqrt{2}}{2}(1,-1,0)\}$

Exercício 7.3. Verifique se $T(a, b) = a + bx + a^2x^2$ é uma transformação linear. Se sim, calcule seu núcleo. Se não, de um exemplo onde falha a linearidade.

R: Não é. $T(1,0) = 1 + 1x^1$, *mas* $T(2,0) = 2 + 4x^2 \neq 2T(1,0)$

Exercício 7.4. Diagonalize $A = \begin{bmatrix} 1 & 0 & 0 \\ -1 & 2 & 0 \\ 1 & -1 & 3 \end{bmatrix}$.

R: $\begin{bmatrix} 1 & 0 & 0 \\ 1 & 1 & 0 \\ 0 & 1 & 1 \end{bmatrix} \begin{bmatrix} 1 & 0 & 0 \\ 0 & 2 & 0 \\ 0 & 0 & 3 \end{bmatrix} \begin{bmatrix} 1 & 0 & 0 \\ 1 & 1 & 0 \\ 0 & 1 & 1 \end{bmatrix}^{-1}$

Exercício 7.5. Dada a matriz $A = \begin{bmatrix} 1 & 1 & 1 \\ 0 & -1 & 1 \\ 0 & 0 & 0 \end{bmatrix}$, calcule A^9.

R: Use Cayley-Hamilton, o polinômio característico $-\lambda^3 + \lambda = 0$ *diz que* $A^3 = A$, *logo* $A^9 = A^3 = A$

Exercício 7.6. Verifique que o conjunto dos vetores (x, y, z, w) que satisfazem a equação $x + y = z + w$ forma um subespaço vetorial de $\mathbb{R}^4$ e encontre a dimensão de tal espaço.

R: Dimensão 3.

Exercício 7.7. Checar se o conjunto de todos os polinômios com coeficientes reais, sem restrição de grau forma um espaço vetorial e qual seria sua dimensão.

R: Sim, pois somar dois polinômios resulta em polinômio, bem como multiplicar polinômio por escalar. Note que a família $\{1, x, x^2, x^3, ...\}$ de cada potência de x é LI. Temos uma família infinita linearmente independente, o que nos indica que a dimensão não pode ser finita.

Exercício 7.8. Seja $T(x, y, z) = (x + y + z, x + y, y + z)$. Encontre (x, y, z) de modo que $T(x, y, z) = (8, 3, 7)$.

R: Resolvendo o sistema temos $x = 1, y = 2, z = 5$

Exercício 7.9. Seja o operador derivada $D : \mathcal{P}_2(\mathbb{R}) \to \mathcal{P}_2(\mathbb{R})$ definido sobre os polinômios de grau até 2 por $D(a+bx+cx^2) = b+2cx$. Tratando os vetores como $a+bx+cx^2 = (a, b, c)$, encontre a matriz que representa a transformação D. Verifique que se ela é invertível.

R: $\begin{bmatrix} 0 & 1 & 0 \\ 0 & 0 & 2 \\ 0 & 0 & 0 \end{bmatrix}$ *e não é invertível pois tem determinante zero.*

Exercício 7.10. Verifique que o conjunto $V = \{x.cos(t)+y.sen(t) \mid x, y \in \mathbb{R}\}$ forma um espaço vetorial de dimensão 2. Denotando o vetor $x.cos(t) + y.sen(t) = (x, y)$ e usando o operador derivada $D(x.cos(t) + y.sen(t)) = y.cos(t) - x.sen(t)$, encontre a matriz que determina D e verifique se é inversível.

R: Como a matriz leva (x, y) em $(y, -x)$, então $[D] = \begin{bmatrix} 0 & 1 \\ -1 & 0 \end{bmatrix}$ *sendo, portanto, sim, inversível. Note que, em termos de cálculo, isso implica que neste espaço a primitivação é uma função inversa do operador derivada. Essa propriedade se perde se definirmos o espaço vetorial com constantes avulsas.*

www.ingramcontent.com/pod-product-compliance
Ingram Content Group UK Ltd.
Pitfield, Milton Keynes, MK11 3LW, UK
UKHW021939190726
13853UKWH00004B/1545